新思维·新视点·新力量
设计丛书

全球化视域下中国饮食文化的设计叙事研究

程文婷 著

化学工业出版社
·北京·

内容简介

饮食是一种文化现象，在全球化视域下，围绕中国食物及其饮食文化在境外的产生发展和设计叙事研究，既能展现中国饮食文化的全球化进程，也能折射出中国饮食文化在跨文化背景下的多样化发展和本地化适应过程。本书立足于跨学科视角，探讨全球化视域下德国境内的中餐厅历史发展与设计现状、德国中餐厅的"原真性建构"设计叙事现象，可充当一面社会历史之镜，折射出中国饮食文化在跨地域背景下的发展、适应、融合和改变的过程，是代表"中国"的食物和饮食文化不断与德国当地饮食文化之间寻求平衡和博弈的结果，这使得德国中餐厅的服务成为集合了包容和创新的整体艺术。

本书的设计实践部分"新楚式餐桌文化的系统设计叙事"，旨在通过全球本地化的系统设计叙事方法，完成从"符号叙事"到"精神叙事"的设计转译，助力跨文化背景下饮食新式多样性的形成。在扩充中国饮食文化全球化研究的同时，进一步丰富全球化下的设计史理论研究成果，并同时为跨文化设计实践领域提供参考借鉴。

图书在版编目（CIP）数据

全球化视域下中国饮食文化的设计叙事研究 ／ 程文婷著 . -- 北京 ： 化学工业出版社，2025. 3. --（新思维·新视点·新力量设计丛书）. -- ISBN 978-7-122-47032-4

Ⅰ. TS971. 2

中国国家版本馆 CIP 数据核字第 2025FC5255 号

责任编辑：李彦玲　　　　　　　　文字编辑：任欣宇
责任校对：宋　玮　　　　　　　　装帧设计：王晓宇

出版发行：化学工业出版社
　　　　　（北京市东城区青年湖南街 13 号　邮政编码 100011）
印　　装：北京建宏印刷有限公司
710mm×1000mm　1/16　印张 12　字数 175 千字
2025 年 3 月北京第 1 版第 1 次印刷

购书咨询：010-64518888　　　　　售后服务：010-64518899
网　　址：http://www.cip.com.cn
凡购买本书，如有缺损质量问题，本社销售中心负责调换。

定　　价：69.80 元　　　　　　　　版权所有　违者必究

研究背景：全球化视域下的饮食设计历史

纵观历史，食物与设计之间有着很深的渊源，食物的生产与流通、消费与清理，及其在不同历史发展阶段中形成的文化社会意义，都能与设计产生多维度的交集，但围绕着食物/饮食的设计研究与实践仍是一个较新的领域。同样，设计历史研究也是相对新的研究领域。从早期尼古拉·佩夫斯纳《现代运动的先驱——从威廉莫里斯到沃尔特格罗皮乌斯》的线性设计史观研究，到齐格弗里德·吉迪恩的《机械化掌控：献给无名历史》、班纳姆《第一机械时代的设计和理论》等关注技术和生产的造物史研究，再到七十年代前后，以乔纳森·伍德汉姆《二十世纪设计》为代表的、转至日常生活和消费文化的跨学科研究，当代设计史的研究视角和方法被逐渐还原到了社会历史、文化背景和生活方式的框架中，研究范围也扩展到了人类活动的更多领域。❶与此同时，国内学术界的设计史研究也经历了从对"经典的、宫廷的、陈设的"少数工艺品对象的研究，转向至"一般的、民间的、生活的"，为普通民众服务的日用品研究领域。❷

在全球史视域下，上述设计史的新研究视角与方法显得尤为重要，基于此，设计史研究者能站在全球化和跨文化的宏观视野，突破时空拘束，超越文化界限，致力于打开经济、政治、文化等多维度视角，❸并综合运用人类学、历史学、社会学等跨学科方法，立体地考察人类跨文化交流历史中，隐藏在设计历史这一整体中的各类微观对象。这不仅能产生新的设计史叙述方式和理论，也能展现设计学在跨文化研究领域的多元思想价值，达成文化间的沟通与交流，并达到"以学科的方式实践人类命运的紧密相

---

❶ 马格林 . 世界设计史 1：史前时代至一战 [M]. 南京：江苏凤凰美术出版社，2020：17-18.

❷ 李立新 . 设计的基因 [M]. 南京：江苏凤凰美术出版社，2023：6.

❸ 何人可，李辉 . 全球史视野下的长沙窑古陶瓷设计研究 [J]. 装饰，2018（9）：32.

关和休戚与共"❶的愿景。

在以上学术思想指导下，笔者选取了全球化背景下的中国饮食文化作为研究对象。饮食是一种文化现象，因为人们对食物的偏好及其制备方法的差异与历史和地理的演变，以及人的生活环境密切相关。因此，饮食能作为民族文化的一种载体，折射民族身份。中国的饮食文化是中华优秀传统文化的重要组成部分，其一方面能集中体现中国文化的精髓和价值，另一方面能在跨文化的视域下促进中国优秀文化的国际传播，充当向世界讲好中国故事、推动文明交流互鉴、促进中外民心相通的重要媒介。目前，国内外学界围绕饮食 / 食品设计领域的研究成果并不丰富，基于中国饮食的跨文化设计叙事研究更是凤毛麟角。综上所述，笔者尝试将中国饮食文化的全球化典型案例——"德国中餐厅"作为研究主题，展开对这一"跨地方"饮食与"跨文化"微缩空间的设计叙事研究，旨在探索新的设计史研究主题与方法，扩充中国饮食文化的全球化研究，进一步丰富全球化下的设计史理论研究成果，并为其他的跨文化设计实践领域提供参考借鉴。

研究问题：德国中餐厅的"原真性建构"设计叙事

目前，德国境内拥有超过上万家的中餐厅，而他们中的大多数却依旧在一种伪中式的环境中提供着德式化的中餐服务。与此同时，为适应所谓的西式口味，"中国"食物被过度地德国化了。

德国中餐厅的产生和发展传播是中国饮食文化全球化和异国本土化过程中一个极富启发性的案例，一方面，其为许多跨文化层面，如：集体记忆与移民历史、全球化贸易和消费、跨国文化和政治、大众消费和设计策略等提供了交织点；另一方面，德国中餐厅的设计叙事类型折射出中国饮食文化在德国本地化发展的结果，是其与异国跨文化元素结合之节点。

---

❶ 李晶 . 跨文化艺术史与人类命运共同体——从苏立文到中国学者的多路径推进 [J]. 美术观察，2022（1）：80.

本研究从上述思考出发，立足于设计学、饮食人类学、社会学的跨学科视角，探讨跨文化语境下德国境内的中餐厅历史发展与现状。针对现存德国中餐馆设计中的"原真性建构"设计叙事现象的分析，是本课题的研究重点，即代表"中国"的"原真性"食物及其饮食文化是如何通过设计叙事被建构并置入到这个跨文化饮食空间中的。

根据笔者多年来在德国的实地调研分析可以预测，随着中德两国间不断深入的跨文化交流，未来将会在德国出现更多以中国区域化饮食为主题的新型中餐厅，这些中餐厅既会提供多样化的中国区域性美食，也会在餐厅设计中展现出新的中国形象，这些新的中国形象的设计叙事将不同于目前德国中餐厅内以龙柱、中国灯笼等为代表的老旧的中式形象。

研究现状："全球化""跨地方"饮食、设计叙事

德国社会政治学家克劳斯·莱格维（Claus Leggewie）在其著作《多元文化：多民族共和国准则》中针对多元文化现象的起源地和危机等问题进行了研究并提出"多元文化主义"的三种不同模式：文化种族隔离、少数民族、无文化中心和无多数文化霸权的社会（Leggewie，1990）。德国文化哲学家韦尔施（Wolfgang Welsch）于 20 世纪 90 年代提出的"跨文化"概念则将重心偏向于不同文化间互渗和交叉下的沟通与融合，以及如此而形成一种源于跨文化互渗的新式多样性（Welsch，1992）。英国新文化地理学家杰克森（Peter Jackson）则并未将全球化假定为已存在的前提，而将全球化称为"斗争之地"（Site of Struggle），他将全球化视为一个不完整的、博弈的过程，认为其轮廓不断被本地特定的社会和文化条件所塑造，杰克森具体分析了全球化在持续与本地消费文化的融合和排斥过程中形成的新型多样性，并强调了"本地化"在全球化过程中的重要作用。鉴于 20 世纪 70 年代后期新移民浪潮导致的欧洲社会新多样性和社会格局转型，社会学家维托维克（Steven Vertovec）提出"超多样性"概念，他以英国为例阐述了由新族群、小规模、短暂、流动的新移民群体而引起的宗教、社会、政治、

文化等层面的超多样性新现象。以上概念对从宏观上把握本课题所处的时代背景具有指导意义。

对德国境内中国饮食文化的研究也应置于跨国文化的背景下展开，其涉及全球贸易和消费，移民历史和集体心态。德国历史学家拉尔斯·阿门达（Lars Amenda）论述了19世纪末至20世纪70年代，位于德国汉堡市中国海员的移民迁徙历史和他们对汉堡的社会认知。余德美（Dagmar Yu-Dembski）撰写的《中国人在柏林》一书中，介绍了德国柏林的一些中国餐馆，这些餐馆被认为是中国移民的重要生活空间。德国文化历史学家马亨·莫琳（Maren Möhring）在其专著《异国饮食：德意志联邦共和国的外国餐饮业历史》中将异国美食描述为"跨地方"（Trans-Lokales）现象。她将联邦德国时期，德国的异国风味餐馆作为此类全球交互的节点进行分析与研究。莫琳重点研究了前联邦德国境内异国餐厅的消费历史，并将其与跨国移民史及其对德国本土饮食文化的影响联系起来，此著作对本课题的研究有着非常重要的借鉴意义，但可惜的是此著作并未对19世纪末已在德国出现的中餐业进行分析。人类学家David Y.H.Wu和Sidney C.H.Cheung则专注于研究西方国家的中国区域饮食与饮食文化。罗伯茨（J.A.G.Roberts）在他的《中国到唐人街：西方的中国食物》（*China to Chinatown:Chinese Food in the West*）一书中论述了从19世纪初至20世纪末，中国食物在美国、加拿大和英国的发展过程。社会学研究者Shun Lu通过位于美国佐治亚州雅典的四家中餐馆分析了民族美食。

此外，"叙事学"研究为本课题的设计研究和设计实践起到了指导作用。"叙事学"作为一门学科正式出现在20世纪60年代，Todorov（1969）将叙事学定义为：关于叙事结构的理论。20世纪80年代末，叙事学从关注文学故事和语言的"经典"叙事学向多学科交叉发展的"后经典"叙事学转变，并逐步延伸至社会学、教育学、建筑学等诸多领域。

"设计叙事"是以叙事学为理论指导的一种设计方法，最早运用于建筑、景观、空间设计领域，之后延伸到产品设计等领域。设计叙事一般以讲故事的方式传递产品信息，并通过对相应叙事元素的重构，形成一套整体的创新设计方法。基于设计叙事的产品创新既要呈现产品的基本功能属性，又要传达产品文化内涵相关的精神属性。近年来，将叙事理论纳入设计研究的成果较多：Steffen（2009）讨论了产品如何以及在何种程度上可以讲述一个故事；Fokkinga（2012）分析了设计师如何使用叙事结构组成一个整体的、有意义的产品用户体验；赵超（2018）依据叙事循证医学理论，探讨了用设计叙事手段促进人性化健康设计服务和医患体验。此外，设计叙事在文创产品设计研究领域的代表性研究包括：吴卫（2021）等提出了湖湘红色文创产品叙事设计方法模型；李文嘉（2021）等借助认知叙事学视角，提出乡村文创产品的设计叙事创新策略。王海亚（2020）基于用户体验的层次理论，总结出文创产品叙事设计的设计路径与模型。

研究方法：全球本地化的设计叙事类型与层次

基于以上的研究，笔者考察了 20 世纪至今的德国中餐厅，并通过田野调查将现有跨文化背景下的德国中餐厅划分为三种设计叙事类型："忠于自我型"中餐厅、中国餐厅的"伪假模仿"和中餐厅的"当代"中国形象（详见第二章）。研究聚焦于：由建筑和室内设计、饮食器具和菜单设计、饮食礼仪和服务设计、目标用户群等组成的外部物质层面分析，以及消费心理和整体设计叙事概念。田野调查的具体地点包括：德国的柏林市、杜塞尔多夫市和汉堡市，以及中国湖北省的若干城市。

德国中餐厅是不同文化元素间跨文化交互的结果，因此"德国正宗中餐厅的建构"这一概念并无研究意义。在研究中，笔者以跨文化背景中存在的、不同种类的、不断被本地和特定时间条件重新塑造而成的、"原真性建构"的设计叙事作为研究重点，而各类"中国"元素的"原真性建构"的置入使得德国中餐厅呈现为一个设计整体。

此外，第三章中笔者总结出了区域文化的"全球本地化设计叙事"层次。首先从建构主义的角度探讨了楚文化，并将其作为全球化下的区域文化代表案例展开分析。古楚文化曾是中国南方区域文化的一支代表，其也是中国文化的重要组成部分。在本章节中，笔者一方面从"传统发明"的历史角度对古楚文化进行阐述，并从建构主义视角出发对楚饮食文化进行分析研究。对一些重要文献，如《楚辞》中对饮食的描写，以及一系列重要的楚文化饮食类考古发现（陈列于湖北省博物馆、荆州博物馆、安徽博物院和河南博物院中的楚文化饮食器皿、家具等）也展开了详细分析。另一方面，遴选出多个具有代表性的艺术设计创作案例，对全球化背景下楚文化在当今的设计叙事展开不同层次的分析，并总结出区域文化的"全球本地化设计叙事"层次。最后，笔者基于湖北省武汉市的实地考察，对若干个楚菜/鄂菜的特色餐厅进行分析研究，旨在从全球化视域讨论楚饮食文化在现代化过程和设计叙事转译中遇到的问题和机遇。这部分的研究也为笔者的设计实践提供了参考，并同时指向了目前中国"文化创意产业"在设计叙事实操层面中的一些现象问题，提出了如何在各设计领域继承和复兴中国传统文化精神的思考。

研究结果：新楚式餐桌文化的系统设计叙事——从"符号叙事"到"精神叙事"

本书设计实践部分为"跨文化背景下新楚式餐桌文化的设计叙事"，全球化的区域性层面将以古代区域文化——楚文化为灵感源泉，旨在研究如何通过系统设计叙事方法，从"叙事符号"上升到"叙事精神"层面，将古楚文化更好地融入当今的设计创作，并转译到跨文化背景中。

在全球本地化下的新楚式餐桌文化创新项目中，笔者分别从"设定叙事主题""设计叙事情节""创造叙事感知""实现叙事目的"四大步骤展开设计实践。笔者尝试不仅从表面的文化符号形式进行设计，而且从古楚（饮食）文化的精神层面展开实践，如：将道家思想的相关精神文化概念进行设计叙事和转化，以符合当今社会的需求。整体设计项目包括餐厅的室内概念设计、饮食器具系统设计和本地化菜谱设计。该设计旨在一方面达成一种更深层次的中德跨文化交流，并实现德国中餐厅设计的可持续发展；另一方面也使在德国的中国侨胞能更深入地感知中国文化的价值并从中学习获益。笔者还希望，此研究主题以及设计创作能为其他的跨文化设计领域提供一个研究和实践参考。

结题信息：本专著由教育部人文社会科学研究项目 - 青年基金项目："命运共同体视域下中国非遗文创产品的叙事设计研究"资助（项目编号：23YJC760017，项目负责人：程文婷，项目单位：湖北工业大学）。

程文婷

2024 年 8 月

"文化隐藏的比显露的更多，并且奇怪的是，文化所隐藏的东西最有效地瞒过了其中的参与者。多年的研究使我确信，真正的工作并不是理解外国文化，而是理解我们自己的文化"。

——爱德华·霍尔（1959）**❶**

❶ Edward T.Hall.The Silent Language[M].New York：Fawcett，1959：39.

目录 — Contents

武汉火车站的连锁快餐：肯德基 VS 李先生

引言

"镜花水月"——德国的中国饮食文化

德国目前有超过一万家的中餐厅，而它们中的大多数却在伪中式的环境中提供着德式中餐。德国的中国饮食文化是一面镜子，它能折射出跨文化交流的多样化层面。正如刘易斯·卡罗尔的《爱丽丝梦游仙境》中，爱丽丝通过镜子的反射感知世界一样，西方人带着受自身文化制约的偏见，理解并体验着中国饮食。"许多被西方文化所接受的，关于中国的看法，并不是'真正的'中国。这种现象从文艺复兴时期就开始了，并一直持续到21世纪"，❶ 策展人安德鲁·博尔顿（Andrew Bolton）在《走向一种表面美学》一文中如此论述。2015 年纽约大都会博物馆的展览《中国：镜花水月》集中体现了西方设计师镜中的虚幻中国。

在本研究中，笔者将从设计学、饮食人类学、历史学等跨专业视角，探讨中国饮食文化在德国的自觉误读现象，聚焦于德国中餐厅的"原真性建构"设计叙事分析，所获得的研究发现和结果将被运用于设计实践部分，即设计一个德国的新楚式餐厅概念，其包括了独特的饮食器皿、饮食环境和饮食流程，这个概念旨在通过系统设计叙事方法，继承并创造性转化中国传统文化的同时，获得国际市场的欢迎和认可，该概念尝试通过从符号叙事到精神叙事的设计方法转译，以创造跨文化背景下的饮食形式多样性。

1978 年，中国在邓小平同志的带领下开展了改革开放经济政策，从那时起，中国的经济和社会结构发生了巨变。在这样的历史背景下，大多数中国人在工业化发展和城镇化进程中经历了生活方式的巨大变化❷，这种变化同样影响了饮食文化，例如随着现代超市的不断增长，传统的菜市场逐渐减少，人们外出就餐的平均次数也不断增长。尽管目前中国多样化的传统食品与烹饪方式仍占据着主导地位，但由于市场的开放与发展，中国的饮食文化不断受到了全球化的影响：西式餐厅，餐具，就餐礼仪，也包括食品本身。本国经济与持续增长的全球依存与交织不仅影响了世界贸易，

---

❶ Andrew Bolton.Toward an Aesthetic of Surface[M]//China Through the Looking Glass. New York.2015：16-21.

❷ 随着改革开放政策以来，中国的城市人口数从 1979 年的约 1.85 亿增长至 2014 年的约 7.49 亿，农村人口从约 7.9 亿下降到 6.18 亿。（来源：National Pata 国家数据网站，国家统计局）

也会导致本民族文化身份意义的同化，中国饮食文化的西化现象可能会引起饮食文化单一模式的发展。因此，从 80 年代末开始，中国各大城市出现了周末"农家乐"现象，它从一定程度上折射了城市居民对以往乡村美好生活的怀念，类似的现象也出现在其他国家，如"慢食"运动产生于 80 年代的意大利。

与此同时，在德国以及其他一些西方国家，各式各类的中国餐厅随处可见，除了少数的高级中餐厅之外，人们还能在火车站、购物中心以及街边摊看到各类中式快餐服务，这导致了许多德国人对中国饮食文化的误读现象，例如中国饮食被许多德国人视为廉价的选择，而现实与之相反：中国饮食不仅优雅精致，并拥有两千多年的历史。中国饮食文化拥有自身的独特性，其不应该与快餐文化进行混淆。除此之外，大部分德国中餐厅的设计都呈现出一种同质化的特征：极度德式的食物，带有龙柱子与红灯笼等装饰的室内设计，这种从二战后逐渐形成的所谓"中国"形象，仍被广泛运用于当今德国中餐厅的设计中。这种现象表明了当前跨文化需求和全球化饮食间的矛盾，即德国新兴一代消费者对精致和地道的地方性中国食物和饮食文化需求，与德国境内现存大多数中餐厅在消费者市场上提供的中式餐饮同质化服务之间的矛盾。

全球化一方面会导致本国文化特征和身份的丧失，另一方面也会促成自我文化意识的觉醒以及文化间的新差异，基于这种矛盾，文化将不会被彻底全球化。❶尽管全球化有损本地和区域的特殊性，但其同时也能为本民族和本地文化的发展带来新的机遇，将引发更为强烈的继承和创新本地传统文化的现象。在本研究中，全球化的另一面，即区域文化：位于今天湖北、湖南省及周边地区的"楚文化"，将被置于研究中心。如何通过设计叙事将本地区域文化进行创造性转换，以适应于当代和跨文化社会的发展趋势，并产生新的跨国多样性，是一个值得研究的课题。

---

❶ Vgl.Samuel P.Huntington：Kampf der Kulturen.Die Neugestaltung der Weltpolitik im 21.Jahrhundert[M].Hamburg 2006.

德国柏林"Good Friends"（老友记烧腊饭店）

第1章

全球化背景下的中国饮食文化

研究对象：德国"中餐厅"——跨文化碰撞和交互的微缩空间

饮食在很大程度上是一种文化现象。作为民族文化的载体，饮食一方面折射了民族身份，另一方面它在跨文化背景下起着不同文化间的沟通媒介作用。因此，围绕中国食物和中国饮食文化在境外的起源和传播研究，既能展现中国饮食文化的全球化进程，也能折射出中国饮食文化在跨文化背景下的多样化发展和本地化适应过程。本研究与全球食品分布、跨国贸易、民族特色／文化消费和移民史有着紧密的联系。在以下的分析中，笔者将中国饮食在国外的传播、适应、融合及改变，置入到全球化框架中进行考察；将具体考察中国饮食在海外的起源、展现出的特殊全球统一模式、在不同国家的变体，以及其在德国境内的发展历史。本部分将重点分析"中餐厅"，这一在海外重要的、独具民族文化特性的餐饮行业代表，它浓缩地展示了中国饮食的全球化及本地化发展历程，也为许多跨国文化关系提供了交接点。

《马可·波罗游记》是目前可考证的、最早描述中国饮食的海外书籍，马可波罗将其于1275—1292年间在中国旅行中所获悉的中国食物、中国宴会、中国饮食习惯和饮食特点记录在书中。自此，欧洲人第一次接触并了解到中国饮食。在这之后的历史中，中国饮食的信息通过欧洲商人、牧师以及中国使者逐渐在欧洲传播。从17世纪初始，中国的饮食器具——瓷器通过荷兰和英国的东印度洋公司被不断进口到欧洲，欧洲人第一次近距离地接触到了充满神秘的远东中国文化。

经由海外华人华侨传播中国食物和饮食文化有着很长的历史❶。自唐朝（618—907年）以来，许多来自于闽粤一带（今天中国的福建和广东省区域）的华人迁徙至东南亚（今天的新加坡、印度尼西亚、菲律宾、马来西亚等国）❷，这些移民对中国食物在东南亚的传播和本地化发展，以及与中国

---

❶ 这里的华人主要指汉人。

❷ 李明欢. 欧洲华侨华人史 [M]. 北京：中国华侨出版社，2002：53-54.

食物相关的国际贸易做出了巨大贡献，例如中国南部福建省的饮食和烹饪方式在 500 多年以来，极大影响了印尼和菲律宾的本地饮食❶。

19 世纪开始，中国饮食借由中餐厅的出现，开始了在北美和欧洲的传播，中国餐厅也为全世界范围的中国城兴起与繁荣发展起到了重要作用。19 世纪北美的淘金热导致了迁往美国和加拿大的第一批中国移民潮。据统计，截止到 1851 年，大约有 25,000 位华人移民到加利福尼亚州。大多数的中国移民会在移民初期当矿工或在中国餐厅中工作："中国小餐厅挂着黄色丝绸制的三角旗帜，并以低价供应'包吃饱'的餐饮服务，这吸引了许多当地低收入的西方矿工顾客"。❷ 大多数早期中国移民来自于闽粤一带，因此，粤菜在中国饮食文化的全球化进程中起着重要作用，当时很多在北美（包括欧洲）的中国餐厅提供广东一带的饮食服务。就这样，美式中餐"Chop Suey"（炒杂碎，一种混合炒肉碎与蔬菜碎的菜肴）被发明，这种烹饪风格影响了直到 20 世纪 70 年代的北美中餐厅。"炒杂碎"源于异国的正宗中餐配料缺乏，以及适应北美口味需求的中餐本地化发展，反映了中餐在海外的变化和本土化适应历史。

20 世纪 60~70 年代，许多中国的地域饮食，尤其是北京、上海和湖南的地方特色餐饮，伴随着第二次中国移民潮被引入美国和加拿大。除此之外，餐厅的室内设计、餐具设计和服务扮演着越来越重要的角色。伴随着"中国城"作为一种旅游观光地现象的产生，20 世纪 80 年代和 90 年代北美许多的中国餐厅是民族文化的组成部分，它们对在北美寻求异国体验的当地人而言，行使了"饮食短期旅行之地"的功能。从 1980 年开始，各国的"中国城"内外都开设了许多奢华的大型中餐厅。中餐厅以在北美 150 多年的发展历史向我们展示了："正是中餐厅能满足当地烹饪需求、趋势和口味的特性，才使得异国的中餐行业欣欣向荣。创新、适应和多样性是这一民

---

❶ Mely G.Tan.Chinese dietary culture in Indonesian urban society[M]// David Y.H.Wu und Sidney C.H.Cheung（Hrsg.）.The globalization of Chinese food.Richmond Surrey 2002, S.152-169.

❷ Joseph R.Conlin，Bacon，Beans and Galantines：Food and Foodways on the Western Mining Frontier[M].Reno，1986：190-192.

族商业的重要组成部分。"❶

　　中国饮食和饮食文化在欧洲的传播，表现出了与北美国家相似的特征，但也存在本地化差异。与北美的中国移民形成鲜明对比的是，19世纪中叶，大量迁徙到欧洲的中国移民担任海员、华人司炉工或苦力工作，他们中的大多数前往了利物浦、阿姆斯特丹、汉堡等港口城市以及伦敦和柏林等大城市。他们中的许多人在这些城市定居并随后从事餐饮业工作。由于这些港口城市的特殊性，中国餐厅还被当作娱乐场所而存在。例如，在20世纪20~30年代，德国汉堡市出现了一种新型的中餐厅，其融合了中国南方菜系（尤其是粤菜）和西式娱乐节目。二战后，来自于香港的新移民潮导致了欧洲，尤其是位于英国的中餐厅和港式粤菜的持续传播与扩张："现在在英格兰（而且在苏格兰越来越多）已经几乎不可能找到一个人口为5000及以上、却没有中国移民或中国外卖餐饮店的城镇。"❷英国中餐厅的繁荣可以归因于中餐适应当地口味的变化，在西约克郡、保守的哈德斯菲尔德市的首家香港餐厅"饭碗"的成功是一个很好的例子：

　　"菜单上其他常见的菜肴是'叉烧'（烤猪肉），酸甜肉和炸大虾以及芙蓉蛋（西式蛋饼）。'芙蓉蛋'源自粤菜，其中的蛋清被用来制作精致的质地，'foo yung'的意思是'白莲花瓣'。在英国，蛋黄也被使用，结果是产生了一种类似于西式蛋饼的食物。除了炒面和炒饭外，餐厅还提供米饭或薯条。冷冻豌豆以及英国常见的胡萝卜和芹菜类食品是正宗中国食材的替代品"。

　　在20世纪60~70年代，由于英国中餐业市场的饱和，许多第二代中国移民移居到其他欧洲国家，尤其是荷兰和德国，这也促进了中餐和中餐厅形成全球统一模式，并进一步扩张。两德统一之后，中餐厅也陆续传播到了德国的东部城市。

---

❶ Bernard P.Wong：Chinatown：Economic Adaptation and Ethnic Identity of the Chinese[M].Fort Worth 1982：37-43.

❷ James L.Watson.The Chinese：Hong Kong villagers in the British catering trade[M]// Between Two Cultures：Migrants and Minorities in Britain.Oxford，1977：181-213.

1.2

研究理论基础：全球化研究的文化概念述评

20 世纪下半叶以来，随着经济、政治、文化，教育等领域全球交互关系的扩展和深入，几乎没有一个话题能像全球化这样被广泛地讨论与研究。如今，饮食领域的全球化研究已成为跨学科课题：全球贸易和运输系统使我们的食品消费独立于本地供应商；先进的种植和生产技术使我们的食品消费不受天气和季节的影响；近几十年来，媒体的发展也为饮食和饮食文化相关信息在世界范围内的迅速传播和交流做出了贡献。

在以下关于饮食全球化进程的讨论中，笔者将分析关于区域化、国家和全球化现象的一些重要概念。在全球化研究之辩中，"多元文化主义、跨文化、全球本地化、超多样性"概念为全球化语境下的中国饮食文化研究构建了思想框架基础。德国社会政治学家克劳斯·莱格维（Claus Leggewie）在其著作《多元文化：多民族共和国准则》中针对多元文化现象的起源地和危机等问题进行了研究并提出"多元文化主义"的三种不同模式：文化隔离、少数民族、无文化中心和无多数文化霸权社会（Leggewie，1990）。德国文化哲学家韦尔施（Wolfgang Welsch）于 90 年代提出的"跨文化"概念则将重心偏向于不同文化间互渗和交叉下的沟通与融合，如此而形成一种源于跨文化互渗的新式多样性（Welsch，1992）。鉴于 20 世纪 70 年代后新移民浪潮而导致的欧洲社会新多样性和社会格局转型，社会学家维托维克（Steven Vertovec）提出"超多样性"概念，他以英国为例阐述了由新族群、小规模、短暂、流动的新移民群体而引起的宗教、社会、政治、文化等层面的超多样性新现象。这些概念对从宏观上把握本课题所处的时代背景具有指导意义。

此外，本部分融入了两个跨文化设计案例的分析：中国艺工同盟与德国有机建筑设计；上海卫星城——安亭新镇的规划设计，旨在从设计层面观察与中国相关的全球化现象，并探讨跨文化背景下全球本地化的设计实践。

1.2.1 "多元文化主义"与"跨文化主义"

在世界各地,越来越多的全球化批评家和抗议活动突显了全球化的问题。他们有着多样的动机,有些反对任何形式的全球化,有些则希望寻求一种替代的形式,并相信存在一个更美好世界的可能性。德国社会学家克劳斯·莱格维(Claus Leggewie)在著作《Die Globalisierung und ihre Gegner》(全球化及其对手)的开头将"全球化"描述为一个无法使用的流行语,因为全球化的流行概念完全局限于经济领域,并被大肆宣传成为一种强大的意识形态。与此相对,应更多考虑全球化社会的文化和传播层面。莱格维更偏向于用三个术语来描述全球化的特征,基于此他引入了三个核心假设:"国家世界的去边界化,全球本地化和文化杂交"。此处的"去边界化"意味着国家间的界限将失去其意义,或者它的特征改变了,民族国家的控制权已纳入跨国治理(全球治理)中。合成词"全球本地化"描述了新兴发展世界社会中全球和本地因素的永久性和系统性的相互作用。Katarzyna J.Cwiertka 在《Asian food:the global and the local》(亚洲食品:全球和本地)一书中谈到了"全球本地化"对食品的影响:"全球化影响着食品的生产和加工,以及食品的销售,制备和消费方式。作为当地文化不可或缺的组成部分,这些实践涉及塑造社会关系以及文化和民族身份。""文化杂交"的概念意味着在全球范围内,文化混合(或杂糅)和雌雄同体结构变得更加重要。莱格维在其著作中评论了"文化杂交"的不同形式、批评家和反对者的建议、改善世界的观点和机会,以及跨国政治的新政治模式。

在全球化之辩中,多元文化社会的概念是一个既定术语:"因为我们已经有了多元文化社会。""多元文化主义不是下一个千年的乌托邦式的幻想产品,而是现实世界的话题。"莱格维在他的专著《多元文化:多民族共和国的游戏规则》中,探讨了多元文化现象的起源及其危机。他列举了三种不同的多元文化主义模式。第一个模式是"文化种族隔离",即将文化来源绝对化,并将其根据等级制度来划分。这种模式以族裔群体或文化的不可渗透性为特点。第二种模式是德国和欧洲的一种多元文化主义的普遍模式:少数民族围绕着文化定义中的多数群体分组,并正在慢慢地被同化。第三种模式是"去文化中心和霸权大多数"（群体划分）的社会。在这种模式中，自己与其他人之间的差异被消除，世界社会成为现实。莱格维建议在一个多元文化的社会中，人们应该保持距离，尊重禁忌并关注差异性。例如，意大利贝纳通公司在广告中展示了跨文化身份，世界各地的消费者能够以"贝纳通的统一色彩"的口号在全球文化社会中进行交流；但另一方面，针对其广告也出现了大量抗议，反对其违反相关文化禁忌（种族歧视；出生后不久仍带有脐带的血腥婴儿图像等）。❶

"跨 / 转文化主义"（Transkulturalität，Welsch）是全球化辩论中的另一个重要术语。哲学家沃尔夫冈•韦尔施（Wolfgang Welsch）于 20 世纪 90 年代初就提出了"跨文化主义"这一概念❷。"跨文化主义"描述了不同文化间相互渗透和相互依存的交流和融合。韦尔施将跨文化主义概念与其他三个文化概念区分开：传统的球体文化模型，文化间性和多元文化主义模型。这三种文化概念的基本问题反映在赫尔德（Johann G.Herder）的球体文化模型中，即：内部同质化和外部区域界限化。❸这导致了文化间缺乏共存与合作，并引起了文化间不同观点之间的对抗。通常与跨文化概念相关的文化间性和多元文化主义概念，最终都基于球体形文化模型。

因此，威尔士重点关注了基于跨文化的文化模型。"Transkulturalität"（跨文化）中的"Trans"（跨）表明了拉丁语的双重含义，其相应地指出，今天的文化定义超越了旧定义（被认定的球体文化模型），当今越来越多的文化决定因素不再以明确的界限，而是以具有相互关系及其相似性为特征。"跨文化主义"不仅在社会宏观层面，而且也在个人微观层面上发展，即：当今的社会和个人都具有文化的混合特征。由于深入的相互渗透性和与之相关的跨文化性，今天没有绝对化的异国。但这并不意味着"跨文化主义"一定会导致文化的统一性；相反，它会带来一种新的多样性，其源于跨文

---

❶ Claus Leggewie.Europa in den United Colors of Benetton - ein Kulturmarktbericht[M]// Multi Kulti.Spielregeln für die Vielvölkerrepublik.Berlin：Rotbuch，1990：26-36.

❷ Wolfgang Welsch.Transkulturalität - Lebensformen nach der Auflösung der Kulturen[M]// Information Philosophie，1992：5-20.

❸ Wolfgang Welsch.Was ist eigentlich Transkulturalität?[M].Bielefeld，2010：40.（PDF von http://www2.uni-jena.de/welsch/：27.03.2012）.

化间的互相渗透。与全球化相比，跨文化主义的特征在于，其绝不排除本地的（区域的，国家的）特点，因为其本身首先有着文化混合的基因，其次它甚至代表了一种重要的本地化特点。跨文化主义概念将世界性与本地性结合在一起，将通用性与个性化结合在一起。

1.2.2 "全球本地化"与"跨地方"

在关于饮食全球化进程的讨论中，以麦当劳为代表的全球化企业导致的食品同质化趋势及其对本地传统饮食文化的冲击一直备受热议。"麦当劳化"这一术语通常被作为一种"入侵"的概念，因其全球食品标准化使当地的烹饪传统和相关饮食文化特征受到了威胁。

然而，除了经常被宣称的、全球化世界中的饮食同质化现象，一部分研究者还关注到了全球化进程中的本地化差异和当地饮食文化的功能。 与"麦当劳化"一词强调的同质化趋势相反，"全球本地化"一词为全球与本地之间的持续相互作用开辟了一个新的视角。全球本地化一词起源于20世纪80年代的日本商业形式，后来扩展到其他各个领域。根据《新世界牛津词典》，"全球本地化"这一术语指全球化和本地化的结合。❶因此，全球本地化的意义被定义为全球化的一个方面。罗兰·罗伯逊（Roland Robertson）描述道：

"……'本地'和'全球'并不是对立的双方，而是相互依存的：本地不是对立面，而是全球化的一个方面，反过来，全球化是通过与不同的本地化紧密交织而实现的，而这些本地化又是在全球化过程中产生的。"

因此，这里将本地化作为全球化的一个组成部分，甚至是对全球化的补充。 Katarzyna Cwiertka 在《Asian food：The global and the local》（亚洲食品：全球和本地）一书中分析了在全球企业影响下的饮食变化：

"在当今跨国互连的背景下，本地无法逃脱全球性的影响，全球性管理也无法摆脱本地的渗透。结果，传播于世界各地的全球化品牌一方面减少

---

❶ Roland Robertson.Glocalization.Time-Space and Homogeneity-Heterogeneity[M]//Mike Featherstone，Scott Lash u.Roland Robertson（Hrsg.）.Global Modernities.New York 1995：28.

了当地饮食的多样性，但另一方面却创造了新的融合性饮食，其在接受和摈弃新商品和新的消费形式过程中产生了新的特征。"

代替预先假定的"全球化世界"，全球化还可以被描述为"一个斗争的场所"，即：全球化的世界过程可以被视为"一个不完整，不平衡和有争议的过程，它是一个未完成的项目，其轮廓受本地特定的社会和文化习俗影响。"❶ 因此，本地的消费者文化在全球化中起着非常重要的作用。尽管全球化一方面导致了本地和区域特征的破坏，另一方面也为当地的消费文化创造了新的多样性。由于在全球化的影响下，本地的消费文化与异国文化发生联系并被更新，因此出现了基于当地特色的新消费文化。因此，全球化进程也为本地文化的新复兴做出了贡献。

各国的外来民族性餐饮业就是上述饮食全球化和本地化互渗的典型代表。德国历史学家马恩·莫林（Maren Möhring）在其专著《异国美食——德意志联邦共和国的外国美食史》中提出了"TransLokal"（跨地方）这一概念。她从移民史和消费史的角度切入，对德意志联邦共和国的外国餐厅进行重点研究。莫林将民族餐厅理解为跨地方的生产和消费场所，将其定义为"跨地方之场所"（translokale Orte），这个场所与包括了餐厅员工和食物在内的、多样化的、跨文化的空间层面相关联。这意味着，德国的外国餐厅不应被视为一个封闭隔绝的空间而存在，而是面向众多环境（本地的、区域的、国家的，全球的）呈开放状态。这里的"跨地方"概念源于术语"translocation"，该术语在后殖民研究中经常被讨论，这里表明了其空间结构的可渗透性。

因此，外来民族餐厅促进了本地饮食文化的多样性，因其本土化融合过程是跨文化交流的结果。在全球流动的背景下，食物及饮食文化跨越国界和民族成为一种流动之物❷。以德国的中餐厅为例，这类流动的"跨地方"餐厅在保持中国饮食文化的原真性和适应本地顾客需求之间不断挣扎、蜕

---

❶ Peter Jackson.Local Consumption Cultures in a Globalizing World[M]//Transactions of the Institute of British Geographers，New Series，Bd.29，Nr.2.Geography：Making a Difference in a Globalizing World，2004：165-178.

❷ 刘彬，杜昀倩.跨地方的"地道"：民族主题餐厅的原真性重构与感知研究 [J]. 美食研究，2020，37（3）：1-7.

变、重构，而设计叙事在其饮食文化的原真性建构和为消费者创造"原真性体验"的过程中起着关键性作用。

1.2.3 文化"超多样性"与"被发明的传统"

鉴于 20 世纪 70 年代后，新移民浪潮而导致的欧洲社会新多样性和社会格局转型，社会学家斯蒂芬·维尔托维奇（Steven Vertovec）提出"超多样性"概念，他以英国为例阐述了由新族群、小规模、短暂、流动的新移民群体而引起的宗教、社会、政治、文化等层面的"超多样性"新现象。维尔托维奇强调，移民的超级多样性，是以各种变量之间动态的相互作用为特征的，这些变量包括"移民的来源国（包括多种可能的次级特质，如种族、语言、宗教传统、对区域或者本地的认同、文化价值观和习惯行为等），移民的渠道（通常与具有高度性别特点的流动、特定的社会网络和特殊的市场需求有关），以及移民的法律地位（包括极其多样的类别，这些类别决定着某种资格和限制的等级体系）。"❶ 维尔托维奇倡导，为了更好地理解和更全面探讨因移民而引发的当代多样性的性质，社会科学家、政策制定者、政策执行者和公众有必要考虑更多的变量。"超多样性"概念对公共服务机构具有重大意义，公共服务机构需要从根本上转变服务策略。

许多在今天我们认为由来已久的传统，其实是相当晚的发明。埃里克·霍布斯鲍姆在《传统的发明》开篇中论述道："英国君主制在公共仪式中展现出的盛大华丽，使人认为它是具有悠远历史的最为古老的君主制。然而，正如本书第四章所证实的，现代君主制事实上是 19 世纪末 20 世纪的产物。那些表面看来或者声称是古老的'传统'，其起源的时间往往是相当晚的，而且有时是被发明出来的。"❷ 霍布斯鲍姆认为，"被发明的传统"本质是一种形式化和仪式化的过程，并试图与某一适当的、具有历史意义的过去建立连续性，它们与过去的连续性往往是人为的，以采取参照旧形势的方式回应新形势。

---

❶ 斯蒂芬·维尔托维奇. 走向后多元文化主义？变动中的多样性社群、社会条件及背景 [J]. 国际社会科学杂志，2011，28（1）：178-180.

❷ 埃里克·霍布斯鲍姆. 传统的发明 [M]. 南京：译林出版社，2022：1.

1.2.4 全球化设计案例：一种"新式多样性"的产生

（1）德国建筑师黑灵和中国艺工联盟

1941年，在德国建筑师黑灵的倡议下，"中国艺工联盟"（Der chinesische Werkbund，以下简称为"Chiweb"）于柏林成立。Chiweb由两位德国建筑师Hugo Häring和Hans Scharoun以及他们的中国同事Chen-Kuan Lee（李承宽）组成。这个第二次世界大战期间在德国柏林成立的小型研究团体，对战后德国的有机建筑设计影响极大，不容忽视，他们留下许多对建筑与城市规划的精辟见解，影响至今。他们于1941—1942年定期碰面，并对会议的讨论内容和结果进行了记录。❶Chiweb最后一次会议记录为1942年5月29日。成员的最后一次会面由于柏林遭到轰炸而于1943年中举行，然而这种合作的工作方式一直持续到1953年。❷

Chiweb内部主要讨论并研究中国文化，尤其是中国文字、中国传统建筑、城市规划和中国哲学。Chiweb一方面想通过对中国传统文化的研究，找到摆脱欧洲文化危机的出路，因为彼时欧洲因技术和精神世界之间的关系而备受怀疑。另一方面，Chiweb的目标是将在当时不断受到外国影响的、被不断破坏的中国传统文化进行重建，并为其参与人类的跨文化发展做出积极的贡献。

20世纪初，许多中国的经典著作被翻译成德文。《易经》和道教文化的三大主要著作（《道德经》《庄子》《列子》）由德国汉学家和传教士理查德·威廉（Richard Wilhelm，1873—1930）翻译，这些著作对黑灵和Chiweb团体产生了巨大影响。在工作同盟的初始阶段，黑灵就从《易经》里吸收了基本思想，并将其与埃德蒙·胡塞尔的现象学思想结合。在这两种理论中，世界通过在事实和存在的辩证中被认知。事实知识使人们能够将世界视为可见的事实，而本质知识则将世界视为不可见的存在。"可见的部分展示了实用性，不可见的部分带来本质"的辩证观构成了黑林思想的基础。与《易经》中对重视两极相互作用相反，德国哲学家埃德蒙·胡塞

---

❶ 原始资料：雨果·黑林手稿，中国艺工联盟的会谈记录．

❷ Wen-Chi Wang.Chen-Kuan Lee und der Chinesische Werkbund mit Hugo Häring und Hans Scharoun.[M].Berlin，2012：69-71.

尔（Edmund Husserl）更加注重本质。鉴于现代实证科学的主导地位，以及与之相关的事实世界在当时的欧洲被许多知识分子视为一种文化危机，胡塞尔认为，现代人应该重新从事实世界回到思想世界，以获得一个真实人的意义。此外，他更偏向本质知识和本质研究，而不是事实知识和存在研究。

在1942年Chiweb的一次会议记录中，记载了"与李承宽关于屋顶形态的交流"一文，❶文中清楚地展示了其关于本质知识的方法论。文章讨论了传统的中国屋顶形态，其与中国意识形态、可用性和进一步发展的内在联系。根据黑灵的说法，中国屋顶的起源，尤其是它奇特的造型形式，如圆形屋脊和宽大外挑檐口的鞍形屋顶，不仅源于其技术需求的结果，还涉及到人与物之间更深层次的本质联系：

"屋顶造型再现了土地的轮廓，山脉的轮廓，其他地表本身的高度，这也正是人脑中感受到的宇宙之特点。通过这种形式，自然的影像及表达便与个人生活融在一起了……毫无疑问的是，这些出现在屋顶形式上的造型元素会反应中国人更深层次的存在方式，并且会在图像世界中呈现支配性的，甚至是本质的价值……中国的屋顶的形象本质上就是中国的形象。"

与此形成对比的是，带有三角形山墙的希腊神庙屋顶，其表现出一种防御性的形式，而非与地球的联系："在立面上占据大部分的扁平三角形是无意义的，并且水平承担重量的横梁比撑起三角形更重要（希腊神庙的雄壮是因为柱子与楣梁而非它们的山墙）……山墙成为保护上帝的一种象征，是为他们而存在的庇护所……保护神圣的力量诸神（诸神，不管是他们中的哪一个，都在其遮蔽之下）"。该主题在文中进一步扩展到包括现代屋顶造型的讨论。

黑灵认为，中国文化中带有意义的形式应与现代欧洲建筑相结合，以实现具有跨文化意义的建筑设计。他于1924年对荷尔斯泰因州的"Gut Garkau"村庄的有机设计创造了建筑历史，他尝试了这种跨文化意义的建

---

❶ Hugo Häring.Gespräch mit Chen Kuan Li über einige Dachprofile[M]// Jürgen Joedicke，Heinrich Lauterbach，Hugo Häring.Schriften，Entwürfe，Bauten，Stuttgart，1965：63-65.

筑设计形式，在疗养院和展览馆的设计中，他将中国屋顶这种流动轮廓的表现形式与现代倾斜面屋顶的功能形式进行了结合。

这种关于本质知识的方法论和对中国传统城市规划的研究也影响了汉斯夏隆（Hans Scharoun）和李承宽两位建筑设计师，在他们战后的建筑项目实践中，这个方法论得到了实施和进一步发展。达姆施塔特学校的设计（1951 年）就是其中一个例子。该设计的核心不仅在于学校建筑的功能性（例如技术空间要求），还在于将学校的整体结构规划作为城市社区内的一个有机作用部分来设计，反映了其对中国传统城市规划本质的理解。❶但最终这些设计思维方法并未得到广泛应用。

（2）上海"安亭镇"的跨文化设计因子

西方现代建筑对中国城市规划和建筑设计的深远影响可被视为一种全球化现象。这种现象被迪特尔·哈森普弗格（Dieter Hassenpflug）称为"城市构想"（Stadtfiktionen）。他在专著《中国城市密码》一书中区分了四种不同的"城市构想"类型："颇具野心的从欧洲到中国的城市模仿转化（如：上海'一城九镇'的安亭新镇）；中国新城对欧洲城市外观的歪曲滥用（如：上海'一城九镇'的罗店新镇）；中国居住社区对外国城市整体及标志性建筑的拙劣模仿（如：沈阳的荷兰村）；主题公园中的城市，即"迪士尼化"的城市娱乐（如：深圳的世界之窗）。"

"安亭镇"是欧洲城市（本例中为德国城市）在中国进行的德国原味高品质转化案例。20 世纪末，上海市政府为了缓解这一超大城市中心城区的常住人口压力，提出"一城九镇"城市发展战略，形成了松江 1 个新城和 9 个略小新镇的建设计划，该战略被纳入国家"十五"计划。此外，源于北美的"新城市主义"在"一城九镇"战略中也扮演着非常重要的角色，设计中应考虑到中国中产阶级对现代和西方风格的功能和审美要求，因此新的卫星城市应提供不寻常的、与西方生活方式相关的生活条件。

"安亭镇"项目是将德国城市规划理念转移到中国的尝试。例如，在城市规划中安亭新镇采用了欧洲城市的典型空间结构作为基础，包括了教堂

---

❶ Hans Scharoun.Chinesischer Städtebau[M]//Peter Pfankuch，Hans Scharoun.Bauten，Entwürfe，Texte.Berlin，1974：121-123.

和带有市政厅的中央广场，以及供公共和商业用途的较大建筑物、弯曲的街道、典型性历史建筑物的引用，以及带有红色，黄色和蓝色调的欧洲城市特有醒目色彩。设计规划中还采用了相对开放的空间来取代封闭的住宅建筑。

此外，该项目同时还体现了中国文化在设计中对西方的同化现象，这里有三个重要的关键词："朝向性、排他性和内向性"。建筑物的"朝南向"设计在德国理想城市向中国的转换过程中非常重要，因为"朝南向"这一概念是中国建筑的核心原则。此外，安亭镇适应并改进了德国开放性城市规划的特点，因为封闭性是中国居住区的一种社会文化要求。为了避免开放性的商业功能和封闭性的居民区需求之间的矛盾，安亭镇中的许多"门"未建设围墙和栅栏，而是在入口处增设了微型减速带和小型保安亭作为一种象征性的"屏障"。按照德国开放城市的理想，在象征性的护城河内区域不应规划任何居住社区，但在安亭新镇的本土中国化过程中，周边建筑围合的内部庭院被改造为小区内院。❶ "安亭镇"这个带有实验性质的设计项目，展示了德国文化在中国本土的同化过程，并形成了新的设计多样性，增强了中德的跨文化交流与理解。

1.3

食物设计研究述评

食物设计是一个多维度的研究与实践领域，它与饮食文化与政治、贸易与消费、身份认同与集体记忆、工业生产和技术等都有着紧密联系。食物设计的研究者与实践者通常以食物——这个看似凡俗的日常生活"透镜"，来反思和研究食物与人、社会、民族和文化的内涵与关系。因此，食物设计的研究和实践范围不应局限于食物本身，而应更多的见于人类历史

---

❶ 迪特·哈森普鲁格. 中国城市密码 [M]. 童明等译. 北京：清华大学出版社，2018：5.

和社会发展的整体系统中，以及融入食物从种植到生产加工，从消费到回收利用的系统流程中，该研究领域通常被称为食物设计、饮食设计、食品设计等。

20世纪60年代起，跨学科研究兴起，食品科学与社会科学、艺术等交叉融合领域逐渐吸引了学者们的兴趣，学者们开始将目光转向食物与人、食物与社会等更广泛的研究领域（马歌林，汪芸，2013）❶。20世纪90年代，食物设计作为专门的研究领域开始初露雏形，"衣食住行"中的"食"逐渐成为设计研究的关注对象，以食物为主题的设计实践创作也在不断增加。如：西班牙设计师马丁·古谢（Martí Guixé）的食物设计作品"SPAMT"，饮食设计师玛瑞吉·沃格赞（Marije Vogelzang）的"Sharing Dinner"等与食物艺术、饮食行为相关的艺术设计实践逐渐积累；同时在学科不断交叉融合过程中，与食品相关的研究逐渐受各学科研究者们的关注，如：食品3D打印相关的创新与应用、商业食品创新中设计思维和设计流程的应用等；近年来，国内外高校也出现了一批食物设计相关专业，或以食物设计为主题的课程项目教学，如江南大学、中央美术学院、米兰理工、埃因霍芬设计学院等。

时至今日，食物设计研究领域也逐渐积累了一定的理论知识和实践案例，学术文献成果不断增多。部分学者对食物设计内某一细分领域中的研究现状已经进行了综述，如维克多·马格林（Victor Margolin）阐述了设计研究与食品研究的交叉领域研究之现状与未来发展；Fernanda Godoi（Godoi et al.，2016）等对3D打印在食物设计中的应用现状与展望进行了梳理；Wided Batat（WidedBatat，MichelaAddis，2021）对设计提升健康饮食体验的幸福感及其对食品行业的影响进行梳理总结，并对食品消费行业的发展进行了展望。

通过CiteSpace软件对WOS与CNKI数据库中的食物设计文献进行"共被引分析"，获得了食物设计研究的热点，得到多个有效聚类（图1-1和图1-2）。首先通过CiteSpace分析的聚类信息与关键词节点信息，确定其关

---

❶ Victor Margolin.Design Studies and Food Studies：Parallels and Intersections[J].Design and Culture，2013，5：375-392.

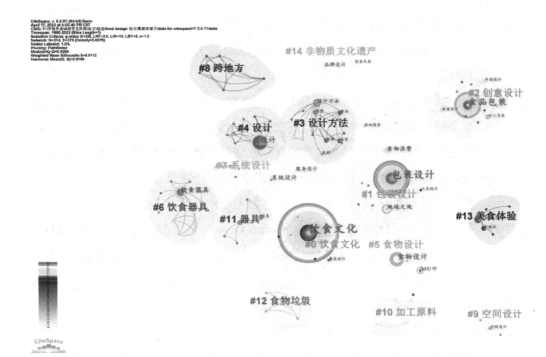

图1-1　CNKI 关键词聚类

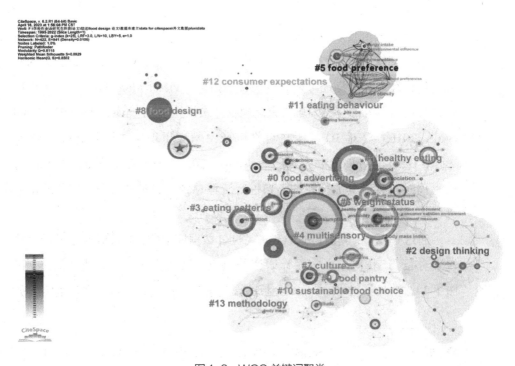

图1-2　WOS 关键词聚类

食物设计聚类层次			
体验	WOS数据库	#4 Multisensory	multisensory;dysphagia;food interaction design;music;multi disciplinary;gastrophysics;food system;artificial tongue; acoustic levitation;cognitive psychology;auditory contribution;agricultural technology
		#5 Food Preference	food preferences;behavior genetics;mindless eating; visual illusions;perceptual bias;childhood obesity;food preferences ;siblings;child eating self-regulation;iblings;twins;child eating self-regulation;dining chair;family-based
		#11 Eating Behavior	eating behaviour; subjective appetite; validation study; cumulative intake;food deprivation;sensory perception; composite foods; oral processing behavior; eating rate;eating behaviour;design factors;food intake;reproducibility;bandung ;experimental restaurant;design factors;reproducibility;bandung ;experimental restaurant;validation study
	CNKI数据库	#9 空间设计	空间设计；茶餐厅；设计；茶元素；应用思路
		#6 饮食器具	饮食器具；交互；情感；体验式；感官；装饰纹样；瓷质；象征语言
		#13 美食体验	美食体验；体验时空；虚拟化；新媒体
健康	WOS数据库	#1 Healthy Eating	healthy eating; eating habits; blood glucose level; food labelling; information processing; social norms; portion control; food intake; evaluation ; nutrition education; office vitality; gender-based stereotype about food; cartoon show; dish presentation; persuasive design; adult obesity
		#3 Eating Patterns	eating patterns; information processing;ready meals;product image location; visual-gustatory correspondence; food consumption; flavor heaviness;analytic processing;diet quality;meal;food choice;entomophagy;diet;patients;whole foods;system;behavior;conjoint analysis;hedonic response
		#6 Weight Status	weight status;reward sensitivity;food approach;weight loss;preschool children;independent eating occasions;eating behavior;food delivery service;neighborhood food environment;consumer nutrition environment;healthful food choices;eating location; food approach;home meals;community engagement;healthy food ;nutrition;food polysaccharide
	CNKI数据库	#7 系统设计	系统设计；工业设计；糖尿病；大数据；3D打印；膳食管理；设计；电饭锅；生活方式；健康饮食；产品设计
可持续	WOS数据库	#10 Sustainable Food Choice	sustainable food choice;food behavior;nutrition;marketing research;media literacy;youth;consumer culture;culture;environment;vegans;medicine;family meal;sustainable food systems education;food waste;food supply chain;local food ;vegetable distribution program;food commensality
		#9 food pantry	food pantry;microstructure;artificial intelligence;microstructure ;artificial intelligence;choice architecture;rational design ; technology-enabled services;food pantry; dietary patterns; dietary quality; emergency food assistance; food insecurity; eating experiences; food-interaction design; multisensory experiences; human space travel
	CNKI数据库	#2 创意设计	创意设计；包装；特色；食品；过量消费；特色食品；创意表现；心理机制；传统特色；以人为本；现代环保
		#5 食物设计	食物设计；技术挑战；食品加工；应用前景；可持续；危机；影响因素
		#10 加工原料	加工原料；原材料；食物残渣；塑料包装；塑料制品
		#12 食物垃圾	食物垃圾；清洗机械；环保机制；创新设计；生活垃圾；垃圾处理
文化/社会	WOS数据库	#0 Food Advertising	food advertising;priming;obesity;food; children;advertisement;childrens food intake;healthy food intake;fruit intake;word stem completion task;social eating;mindful eating;overweight;emotional eating
		#7 Cultural	culture; food intake; composite foods; oral processing behavior;ethnicity;acculturation; sub-culture;globalization;food insecurity;augmented reality
		#12 Consumer expectation	colour harmony; juice packaging; consumer expectations; destination image; alternative tourism;destination image; ethnic food; consumer expectations; colour harmony;intimacy;embodiment;contextualised colours;consumer expectations; colour harmony;intimacy;embodiment;contextualised colours;consumer expectations;colour harmony
	CNKI数据库	#0 饮食文化	饮食文化；食文化；文化；饮食；美；淮扬饮食；审美特征；地域性；民俗食品
		#1 包装设计	包装设计；文化；；文化内涵；结构造型；儿童食品；造型
		#8 跨地方	感知价值；原真性；跨地方；文化生产
		#11 器具	器具；灶具；亵衣器具；湘东地区；竹木材料；设计方法；饮食文化
		#14 非物质文化遗产	饮食民俗；非物质文化遗产；符号元素；品牌色彩；乡村振兴；地域文化
方法	WOS数据库	#2 Design Thinking	design thinking;food experience design;food well-being;experiential pleasure;customer experience;sustainable food systems education;systems thinking;curriculum development;outcome-based education;curriculum assessment
		#8 Food Deisgn	food design; human-food interaction; digital food cultures; food sharing; 3d printing ; product development;motoric eating difficulties;vegetable preferences;bodily faculties;additive manufacturing; finger foods;pleasantness ; printability ; vegetable preferences; bodily faculties ; phenomenology
	CNKI数据库	#3 设计方法	设计方法;图案;通感隐喻;设计；体验；色彩；界面设计
		#4 设计	哲学；使用；隐性因素；比较；方法；设计；显性因素

图1-3　食物设计聚类层次

联文献与聚类研究主题；再通过聚类之间的主题关联性，将 CiteSpace 的自然聚类整合为关键词聚类群。最后将软件自动计算的"聚类"归类为 5 大研究方向：食物与体验设计、食物与健康设计、食物与可持续设计、食物与社会文化创新设计、食物设计的方法研究。笔者将每个大类中的研究内容制成了"食物设计聚类层次图"（图 1-3）。❶

通过知识图谱的研究分析可知，虽然食物设计领域研究成果不断增多，研究领域也在不断壮大，吸引了诸多研究者与设计师的关注，但国内外关于食物设计的跨文化领域研究成果仍较缺乏，也无系统性梳理该研究领域的学术成果。

---

❶ 程文婷，吴晓萱，杨杰瑞，等 . 基于 CiteSpace 与 bibliometrix 的国内外食物设计跨学科研究可视化分析 [J/OL]. 包装工程，1-22[2024-07-14].

1.4

研究结构和意义：全球本地化下新楚式餐桌文化的系统设计叙事

本研究的结构基于以下三个基本思考：

首先是研究全球化背景下地域性与国家性之间的联系。本书将中国楚文化作为全球化下的区域性层面，并将其置于中德间的跨文化交流中。本研究的设计实践部分也并非旨在德国设计一家"中国"餐厅，而是一家提供区域化饮食的楚式餐厅。在德国并没有"德国"餐厅，而是具有不同区域性特色饮食的餐厅（如：巴伐利亚、图林根等）。中国是一个拥有多样化地域性饮食文化和烹饪特色的大国，区域饮食文化是民族文化的一部分，其能促进全球化背景下多样性的形成，对抗标准化、同质化的发展。因此，笔者将全球化视为一个机会，可以使差异化逐渐得到发展，从而使其不屈从于传统主义或标准化趋势。

本研究思考的第二个层面是：跨文化背景下东西方之间的文化差异。本研究选择了中国和德国作为东西方国家的代表。不同的文化有着各自的饮食方式、规则和禁忌，它们也建构了各国居民的身份认同，同时展现了跨文化背景下的不同意识形态。

第三个层面涉及传统与现代之间的关系。在本研究中，古楚饮食文化，尤其是传统楚饮食文化如何适应当今社会的实际需求，是研究考量的重点。这些思考构成了设计实践部分的基础，旨在从实践中发展跨文化设计。

（1）外部动机

伴随着 19 世纪和 20 世纪初西方国家（尤其是北美和欧洲的国家）的中国移民潮，中国食物在西方的传播也同时开始了。经过一个多世纪的发展，中餐厅在西方国家已不再被视为一种特殊现象。德国的中餐厅出现于 20 世纪初，在第二次世界大战后在德意志联邦共和国迅速发展，柏林墙倒塌后在整个德国迅速发展。如今，德国有超过 10，000 多家中餐馆，而它们中的大多数还在伪中式环境中提供德式中餐。在德国，中餐厅统一被称为"China-Restaurant"，即"中国餐厅"，这是一个对中国饮食文化的模糊表达和不确定概念，因为中国菜并没有一个单一的、统一的国家类别，中国各个省和地区的饮食文化存在着明显的地域性差异。

作为德国的民族特色美食，中餐厅是全球化时代下的一个多维度研究领域和枢纽，其与饮食和身份、移民历史和集体记忆、消费和种族等领域相关。由于对德国中餐厅研究中涉及到跨文化行动者、参与者和物质层面等因素，在本研究中，笔者将中餐厅作为跨文化设计的一个特殊案例来审视。中国饮食文化如何与异国文化沟通交流？如何通过设计塑造不可避免的，通常也是人们期望的文化共同成长？笔者将从设计研究和文化研究的角度审视这一现象，并在设计实践部分，创造饮食设计领域的新概念，旨在更好地为当下和未来提升双方文化间的相互理解和尊重做出贡献。

（2）内部动机：在最遥远的地方寻找故乡

"我应该怎么吃？"我的一位德国朋友在中国留学生举办的中餐晚宴上问我这个问题，我下意识地回答："饭菜都已经准备好了，你可以开始吃饭了。"但她回答："是的，但抱歉我不会用筷子。"从那之后我总是在中餐宴会上尝试教外国朋友们如何使用筷子，但我也会同时准备好刀叉等西式餐具。从那时起，我经历了许多在德国吃"中餐"的不同方式：许多德国人喝绿茶要加糖；许多所谓的中国餐馆由越南人营业，并以廉价快餐店的形式经营；许多中国餐厅提供所谓的中式菜肴，却搭配了不相宜的产品和环境设计。

"食物是我们身份认同感的核心。"饮食方式在所有文化中都受到不同规则和禁忌的约束，而这些正是身份建构的核心要素。许多在德国的中国移民聚餐时，会有意准备一些特殊的中国菜，例如：鸡脚、家禽内脏等，而这些食物却被大多数德国人视为饮食禁忌。这类饮食行为为身处异国的种族群体创造了一种集体认同感。李安导演的电影《喜宴》❶（1993）中，美国华人移民的文化身份认同感和"集体记忆"❷通过美国中餐厅场景内的中

---

❶ "喜宴"是台湾导演李安"家庭三部曲"（推手、喜宴，饮食男女）中的一部，所有三部电影都充满着传统和现代、东方和西方之间的冲突。在电影"喜宴"中，饮食扮演了重要的沟通媒介角色。

❷ Jan Assman：Das kulturelle Gedächtnis：Schrift，Erinnerung und politische Identität in frühen Hochkulturen[M].München.2013.

国婚宴体现得淋漓尽致，更重要的是，这里的文化认同感通过跨文化交流和移民身份被重构，❶在电影中，中国传统婚礼的场景中包含了许多代表西方习俗的元素，例如新娘的白色婚纱和抛花束（新娘花束被扔给未婚的女客人）等情节。

曾经在德国学习和工作的经历使得笔者深信，中国的饮食文化可以作为跨文化背景下的一个沟通媒介。本研究的重点为位于德国境内的中餐厅，并将其理解为拥有多样性微观层面的跨文化交流节点，在本研究中，笔者将从以下三个方面展开分析：首先，系统地总结和分析德国中餐厅的历史。其次，开展针对德国现有中餐厅的田野调研并进行设计叙事的分类，将其视为一个社会和跨文化空间进行分析。最终延伸到设计实践部分，即：设计一家基于中国区域饮食文化的楚式餐厅。笔者的研究和设计目的并非为德国的"中国餐厅"重新创建另一种标准模式，而是以饮食的跨文化交流历史研究为当今设计开辟新的视角和成果。由于研究时间有限和研究目标对象复杂，笔者不会在本研究中对餐厅设计中的财务和组织层面展开过多研究与实践。本研究不仅能扩充全球化视野下设计历史的研究主题，提出全球本地化下的系统设计叙事方法，还能为推动以跨文化交流和经济融合为核心的人类命运共同体的建构提供新的理论思考和实践经验。❷

（3）为什么把楚文化作为研究重点

张正明先生在《荆楚文化志》中描写到："寻常之见，龙是中华民族和中华文化的象征。龙，形象古怪，体态矫健，状貌威严。但作为民族和文化的象征，龙只应占半席之地，还有半席之地是属于凤的。中国有一个地方曾经把凤当作自己民族和自己文化的象征，那就是荆楚。凤，形象奇特，体态轻盈，状貌秀美，意蕴则与龙同样神秘，给人以可亲可爱的印象。寻常之见，儒家是中华学术的主流。从伦理方面看，这是对的；从哲理方面看，这却错了。作为学术的主流，儒家只是浩浩两川中的一川，还有一川

❶ Stuart Hall.Cultural Identity and Diaspora[M]//Jonathan Rutherford.Identity：community，culture，different.London.1998：222-237.

❷ 李牧.日常经济生活网络与传统艺术的跨文化传播——以加拿大纽芬兰华人为例[J].广西民族大学学报（哲学社会科学版），2021，43（2）：67.

是道家，中国有一个地方是孳生道家思想的温床，而且对道家情有独钟，那也是荆楚。❶因此，荆楚文化是中国文化中极为重要的一部分，不应被忽视。

楚是西周（公元前 1046 年—公元前 771 年）至战国时期（公元前 475 年—公元前 221 年）的一个强大王国。其主要区域分布在中国南部沿长江流域一带，包括今天的湖北、湖南、重庆、河南和江苏等部分地区。笔者工作并生活于湖北省武汉市，直至今天武汉仍是楚文化这一区域文化的代表地。楚文化有自己的特征，其可作为一种区域文化模式转化并应用于现代设计中，以上是笔者的研究起点。

---

❶ 张正明. 荆楚文化史 [M]. 上海：上海人民出版社，1998：5.

柏林"天坛"中餐厅

第 2 章

跨文化背景下的中国饮食文化
及其设计叙事研究

关于德国的中国饮食文化研究，应被置入跨国文化概念和跨学科领域中考量，其与全球贸易和消费、跨国文化和政治、移民历史和集体记忆、大众消费和设计策略有着紧密的联系。历史学家、社会学家和人类学家针对跨文化背景下中国饮食文化的社会功能、文化象征意义、消费历史和全球化进程等层面展开了分析。德国历史学家拉尔斯·阿门达（Lars Amenda）研究了19世纪末至20世纪70年代，中国海员在德国汉堡市的移民历史及其社会感知。阿门达以汉堡市的中国移民为例，一方面分析了其在全球的依存关系及对本地的影响；另一方面，他将这段移民史从社会感知的视角进行了考察。该研究分为四个时期：第一个时期主要研究了19世纪末至第一次世界大战期间在汉堡市的早期华人移民；之后分析了20世纪20~30年代汉堡市"中国城"（Chinesenviertel）的出现，其特点是在这个城区内涌现出许多中餐厅、洗衣店和杂货店。紧接着，阿门达探究了纳粹种族主义政治期间，汉堡市华人移民的生活以及二战期间"中国城"的消失。最后一个时期涉及战后的新一批中国移民，以及汉堡市一些中国餐厅的成功历史。达格玛·余登斯基（Dagmar Yu-Dembski）的专著《柏林华人》（Chinesen in Berlin）详细介绍了柏林华人华侨的历史和日常生活。书中还介绍了柏林的一些中国餐厅，这些餐厅在当时被认为是中国移民的重要生活场所。埃里希·古廷格（Erich Gütinger）在他的著作中概述了从1822年到德意志帝国（1871—1943年）时期中国移民的历史。

马恩·莫琳（Maren Möhring）教授在其专著《德意志联邦共和国的异国美食历史》中介绍了德国的跨文化饮食历史，该研究重点关注了德意志联邦共和国（西德）境内异国美食的消费历史，其与跨国移民史及其对德国当地饮食文化影响之间的关系。她将异国美食描述并定义为"跨地方"（trans-Lokales）概念，并通过三个详细的案例展开研究：在西德的意大利餐饮业的发展研究、东南欧（南斯拉夫和希腊）餐饮业和以土耳其烤肉为代表的土耳其餐饮业研究。但是，早在19世纪末就伴随着中国移民传播到德国的中国饮食文化和餐饮业并不是该专著的研究重点。

人类学家David Y.H.Wu和Sidney C.H.Cheung专注于研究在西方国家的中国区域饮食和饮食文化（尤其是粤菜）。J.A.G.Roberts（约·罗伯茨）在《东食西渐》中讨论了从19世纪初到20世纪末，中国食物在美国、加拿大和英国的发展进程。社会学家鲁舜（Shun Lu）透过对美国佐治亚州雅典市的四家中餐厅，展开了关于民族特色餐饮的分析，在他看来，民族特色餐厅在东道国的成功，并不在于他们能否提供与本国相同的食物，而在于将两个明显看上去是矛盾体的两极进行协调和妥协，即："真实的和美国化的，有意识改良传统的同时保持传统"。❶ 因此，"真实性"在这里是一个变量，其取决于东道国的政治、经济、文化和目标群体。

　　基于上述研究成果，笔者将通过"中餐厅"这一具体对象，展开对中国饮食文化在德国的深入探讨，聚焦于中餐厅的行动者和物质层面研究，因为"食物消费的场境（食者和饮食过程的社会背景）与文本（被消费的食物）同样重要。"笔者将重点进行中餐厅的两个层面研究：通过建筑设计、室内设计、灯光设计、家具陈设、服务设计等被呈现出的物质层面；以及在这个跨文化空间场境中，进行社会交互的行动者和参与者，消费者及经营者。❷ 因此，中餐厅一方面可被视为发生社交互动的社会空间；另一方面，消费者和中餐厅的空间场景等物质层面设计也体现出一种内在联系，其从某种程度上能折射出消费者的渴望、品味和价值观，因此中餐厅在此可以被描述为一种"欲望建筑"（Being an architecture of desire）。此外，本研究依据在中餐厅空间中的员工、被准备的食物或 / 和被传播的饮食知识等方面来分析其多样化的跨文化特点。笔者认为，中餐厅建构了一个社交空间，在这里，民族性的饮食传统汇聚在一起，并创造出了新的跨国多样性。因此，对德国中餐厅的研究展现了跨文化背景下，中国饮食文化的融合与转化之过程，即：德国中餐厅可以充当一面社会历史之镜，折射出中国饮食文化在跨文化背景下（德国）的发展、适应和变化过程。在以下的研究中，笔者考察了 20 世纪至今的德国中餐厅历史发展，并基于田野调查研究，将德国现有的中餐厅分为了三个类型展开分析。

---

❶ Shun Lu，Gary Alan Fine.The presentation of ethnic authenticity.Chinese food as a social accomplishment[J].Sociological quarterly，1995，36（3）：535-553. "being authentic and being Americanized，maintaining tradition while consciously modifying it".

❷ Yan，Yunxiang.Of Hamburger and social space：consuming McDonald's in Beijing[M]// Los Angele.The cultural politics of food and eating：a reader，2005：80-85.

"记忆所在之地"与"异国文化想象"——20世纪德国中餐厅的历史发展

在德国的大小型城市中，人们都可以在火车站、购物中心和市中心等地看到各式各样的中餐厅。目前还未有关于德国境内中餐厅总量的确切数量统计，例如，汉堡有约100多家中餐厅；德国北部，包括石勒苏益格-荷尔斯泰因州、下萨克森州和布来梅大约有400多家。❶但今天在德国（以及在欧洲）被人们视作理所当然的中餐厅及其美食，仅仅只有100多年的历史。❷"Chang Choy"是被记载的欧洲第一家中餐厅，其于1908年在伦敦市的皮卡迪利马戏团附近开业。德国的第一家中餐馆出现在第一次世界大战后。

以下笔者将简要概述20世纪德国中餐厅的发展历程，旨在从历史文脉的角度理解当下德国中餐厅的发展脉络。笔者将研究以下问题：德国中餐厅的缘起，以及它们在20世纪的发展历史。早期德国的中餐厅是如何展示自己，它们在德国一些城市产生的原因（尤其是柏林市和汉堡市），以及它们背后有着怎样的社会历史背景和意识观念？从魏玛共和国到第二次世界大战期间，中餐厅对德国的中国移民和德国本地消费者起到了什么样的文化甚至政治作用？二战后西德中餐厅及其饮食文化的扩张体现了中国饮食的全球化发展，二战后西德境内中餐厅的设计叙事特点是什么，其与中餐厅的全球化进程有着什么样的联系？

2.1.1 中国移民与德国早期中餐厅

德国中餐厅以及中国饮食在当地的发展历史总是与中国移民密切相关。中国人移民德国始于1821年前后。虽然在此之前也有中国游客到达德国，但据最早有记载的、居住在德国的中国移民是两名来自于中国南方省份的"冯"姓男子，他们于1822年在商人 Heinrich Lasthausen 的帮助下来

❶ 该信息来自于笔者对汉堡中餐同业会会长俞明珠的采访。
❷ 德国的第一家中餐厅成立于1923年。

到柏林。❶"中英鸦片战争（1840—1842年）期间，中国被强行开放通商贸易港口。1842年香港成为英国殖民地，因此清末年间中国移民的数量大大增加。"在这之后，大量的中国移民作为苦力（短工）迁往西方国家，他们中的许多人之后在那里定居，后来从事餐饮业工作。此外，"洋务运动"（约1861—1895年）加剧了清朝末期的移民潮。在经历了一系列与西方国家军事较量的失败后，清朝末期的中国成为了半殖民地半封建国家。当时的一些政治家和知识分子为了拯救祖国，致力于寻找现代化发展的新道路。"向西方学习"是这场运动的中心思想。西方的军事技术、思想、科学和教育思想在这一时期被大量传入中国。1861年清帝国与普鲁士之间签订了贸易友好条约，随后几年，第一批来自于中国的大使和官派留学生来到德国，他们都对中国饮食在德国的传播发挥了重要作用。德国中餐厅的历史始于第一次世界大战后，尤见于大都市柏林市和港口城市汉堡市，对这一主题的研究已有较为丰富的社会学研究成果。

一战后，在柏林的中国留学生人数大约升至1000人，他们中的大多数定居于柏林市夏洛滕堡区的康德大街附近，因为1884年前后开办的柏林工业大学、1920年建校的柏林政治大学，以及中国大使馆均坐落于这个城区。中国留学生和知识分子人数于20世纪20～30年代间在德国增长的原因是多种多样的。中华民国时期历史研究领域专家、社会学家王奇生教授在专著《中国留学生的历史轨迹：(1872—1949)》对这种人数增长的原因做出如下解释：首先，中国留学生人数的增长发生在通货膨胀年间。第一次世界大战后，德国爆发的通货膨胀导致帝国的马克大幅度贬值。而清朝时中国发行的银元是含银的硬通货币。因此，通货膨胀期间外国留学生的生活条件相对较好。其次，中国1915—1926年间的"五四运动"激励着旅居国外的中国学生。❷这场主要由当时的学生和年轻知识分子发起的运动的特点是反对帝国主义并拥护科学和民主。为学习新科学知识和先进技术，许多

---

❶ 他们最初被弗里德里希·威廉三世送到哈勒大学三年，以支持汉学家威廉·肖特（Wilhelm Schott）的工作。之后他们在柏林被聘用于皇家普鲁士花园（Yu-Dembski, Dagmar: Chinesen in Berlin.Berlin-Brandenburg 2007.S.7-10）。

❷ 1919年5月4日，发起了以青年学生为主导的"五四运动"，西方现代价值观被引入中国，如民主、平等和自由，并强调科学技术的发展。

年轻的中国知识分子纷纷奔赴海外。由于德国"拥有最勇敢的士兵，最优秀的工程师，最能干的医生和杰出的学者❶"，因而成为了众多中国学生的首选留学地。最后，当时执政的中国民族主义政党也把更多的重心放在科学领域学科，工程技术和军事工业的发展上。因此，20世纪30年代在德国毕业的中国留学生被视为拥有极高水平的代表❷。

基于这个背景，当时中国大使馆的厨师文先生于1923年在康德大街130b号开办了第一家中餐馆"天津"（Tsientsin）。当时柏林本地的报纸在一篇报道中称天津中餐厅是一家"顶级"餐馆："这家中国餐厅与一家优秀的德国餐厅几无二致：雪白的餐桌桌布和身着燕尾服的德国侍者。尽管餐厅提供的是由一个中国厨师调配的陌生菜肴，但从菜品的外观审美和促进消化的角度而言，这个菜单也适合欧洲人的口味"。此外，报道还对年轻时尚的餐厅老板，以及沉静的，浸润着高雅中国文化的环境做了如下描述："牛角框眼镜的风格配上精心倒梳的头发。……精妙绝伦，这里的一切都以某种静谧的方式演绎着。没有令人神情紧张的喧嚣，没有此起彼伏的叫喊声。一个眼神，一抹微笑，餐馆员工以及厨师和侍者便已对客人的需求心领神会。"❸

从上述对首家柏林中餐厅的描述已大致可知，这个时期在德国的中国知识分子的状态。天津餐厅在其初期已显示出中餐厅与西方标准和西方生活方式的高度契合。著名的天津餐厅被视作当时中国留学生和其他亚裔移民的会面地点。当然，这家餐厅也面向德国公众开放。中餐厅的这种适应能力折射出早期在德国的中国留学生和知识分子的"文化沟通赤字"现象。在早期现代化中国（1840年鸦片战争至中华人民共和国成立的1949年间），中国留学生和知识分子仅能部分地将中国文化和中国饮食作为民族特征的枝末片段推荐到国外。与之相反，这个时期的中国留学生和学者却成为了将西方文化引入中国，并发展全新现代化意识形态的中流砥柱。因此，早

---

❶ M.Tseng Ching.Mein siebenjähriger Studienaufenthalt in Deutschland[J] Ostasiatische Rundschau, 1939, 20 (1-3)：13.

❷ 王奇生. 中国留学生的历史轨迹 [M]. 武汉：湖北教育出版社，1992：82-85.

❸ A.F.Sch.Im chinesischen Restaurant.Herr Wen und seine Gäste[J] Berliner Tageblatt（Abend- Ausgabe），1825，54（263）.

期现代化中国的中国留学生史亦展现出中国"向西方学习"的历史进程。作为当时中国知识分子的会面场所，天津中餐厅对于居住在夏洛滕堡区的中国外交使节、学者和留学生而言，是一个接受西方先进文化的聚会点。天津餐厅也被德国当局评价为一流的餐厅。与二三十年代在柏林市西里西亚火车站附近居住的大多数中国商贩不同，中国知识分子群体在当时被视为"中国古代高等文化的传承人"，这些未来的中国知识分子被给予了极高的评价（图2-1）。

关于在汉堡的中餐厅，费里德里希·劳尔斯（Friedrich Rauers）在其著作《餐厅的文化史》一书中写道："由于中国伙夫的缘故，汉堡形成了与柏林不同的中餐馆类型。"鉴于汉堡市的港口城市特色，当时出现了一种新型的中餐厅，它们同时也是娱乐场所，某种形式的"中国饮食，中国音乐和中国娱乐的组合。"与柏林市的中餐厅相比，大部分由当时中国海员在汉堡市开办的中餐厅内罕见德国顾客。

图2-1
"天津"中餐厅内的
中国留学生

图2-2
德国汉堡市圣保利区
珠宝街的"中国城"
纪念碑

图 2-3　20 世纪 30 年代　　图 2-4　今天的"珠宝街"　　图 2-5　"新中国"中餐厅的
珠宝街内的中餐厅　　　　　　　　　　　　　　　　　　　　　　"Tanz-Kabarett"

　　20 世纪 20 年代，一大批中餐厅和酒吧开设在汉堡市圣保利区的珠宝街。许多以前在伦敦，利物浦以及法国工作的中国海员，在通货膨胀时期被德国低廉的生活成本吸引而迁往汉堡的圣保利区，因为这个时期的德国马克已形同废纸，而中国海员的薪饷是以硬通货支付的。他们中的许多人在这里开办餐馆，洗衣店和小卖铺，其售卖对象一般只针对中国海员和侨民。所以，圣保利区的珠宝街很快便被当地人称为"中国城"（图 2-2），对于当时的德国人而言，这块区域是一个难以捉摸，充满神秘和非同寻常的存在（图 2-3 和图 2-4）。

　　在汉堡这个港口城市，若干中餐厅将 20 年代西方的娱乐文化与中国南方的区域饮食相结合❶。20 年代中期开办的"新中国"餐厅 / 咖啡馆，以及"长城"舞厅（带餐饮）便是这种相互融合的案例，它们是当时中国侨民和海员的重要娱乐和会面场所。"长城餐厅 / 舞厅除了提供一般咖啡馆常见的舞会外，还举办艺术表演，"新中国"餐厅是一家兼具音乐和舞蹈的小型歌舞场"（图 2-5）。这种地道南方菜肴与西方娱乐节目的组合使得这两家中餐

---

❶ 在 20 年代初，几乎所有的中国华侨都来自于南方省份（尤其是珠三角地区，如广东、福建等地），因此，所提供的菜肴大多是广东菜，以辛辣的香料和许多海鲜为特色饮食。（s.Amenda 2012，S.216）.

厅的声名远播至汉堡市以外，它们还吸引了某些年轻的汉堡人和外国游客。汉堡市中餐厅内的这种夜间娱乐节目在当时的大都市柏林是无法想象的。

此外，汉堡市的中餐厅如"新中国"和"长城"，在当时发展成为人们会面和交流的场所。在这里，中国海员和侨民在自己的文化圈内交往，并从中觅得一些家乡的味道。中餐厅一方面对于中国海员而言，是一种在欧洲肉眼可见的家乡形式，因此可被视为他们的"记忆所在之处"❶。另一方面，中餐厅也担负着中国海员和侨民的跨国交流作用，这个空间内糅合了家乡与西方港口城市的自由氛围。

从魏玛共和国直至第二次世界大战期间，中餐厅除了扮演社会和文化角色之外，还兼具政治角色功能。与汉堡市不同的是，柏林市的中餐厅（与欧洲其他城市的中餐馆相似）较少为当时的中国留学生提供一块可供追思乡愁的场所，而是更多地发挥着某种政治功能。早期现代化中国时期在欧洲的大部分中国留学生都是激进的爱国主义者。作为一个半开放的空间，当时的中餐厅，如柏林的天津餐馆，满足了中国留学生的政治需求，它们充当了一种聚会场所，中国留学生可以在这里讨论政治形势以及祖国的未来发展前景。

因此，中餐厅之于中国侨民和德国客人的意义完全不同。与中国顾客的需求不同，德国人将中餐厅视为一种"想象之地"，他们在这里可以体验富有异域特色的中国文化，并物化他们对中国的想象。"最早探寻中国餐厅的欧洲人属于艺术家、学者和知识分子之列。"中国侨民，来自全球各地的中国海员，有时还有一些德国艺术家和知识分子在"新中国"餐厅内相聚会面。外国客人可以在这里真实具体地体验中国人的世界。此外，中国餐厅还能让德国商人和德国殖民官员再次体验他们曾在中国的生活，回忆他们在海外的那段时光。

由于纳粹的种族主义政策，20 世纪 30 年代中国侨民在德国的生计愈发艰难。在德国海运公司谋职的中国海员数量显著下降。面对日益盛行的种

---

❶ "记忆所在之处"一词来自法国历史学家 Pierre Nora，他将 Maurice Halbwachs 的集体记忆概念转移到了空间层面。"记忆所在之处"是指一个或多个特定的地方，一个社会群体在那里结晶了集体记忆。它不仅地理层面，还指精神层面，如艺术品、历史事件或书籍。

族主义，30 年代中国侨民的居留问题日趋恶化，例如柏林市的许多中国留学生和商贩，仅允许被作为次等级房客租住犹太人的房子。虽然中国海员在德国商船的人数下降，仍有为英国，荷兰和德国船运公司工作的中国海员来到汉堡港。因此，在 30 年代的汉堡市除"新中国"餐厅之外，又增加了一批中国餐厅。

30 年代的柏林也增开了多家中餐厅。"仅在康德大街的萨维尼广场就有三家比邻而居的中餐厅：天津、南京和秦汉。"一些中餐厅在当时被用作政治宣传的公共窗口，中国留学生通过这些餐厅让德国公众了解日本侵华的相关信息。[1] 除此之外，中餐厅还扮演着重要的跨文化角色，因为这里常常举办受到"远东联盟"支持的中德饮食聚会和群众活动。这些活动宣传了中国与德国之间的文化共性，并主要致力于中国传统文化的宣传。

第二次世界大战期间，尤其在战争末期，中国侨民受到的迫害日趋严峻。汉堡市的中餐厅，还有圣保利区的"中国城"逐步被迫关闭。战争期间，柏林的 Taitung 中餐厅遭到轰炸。天津中餐馆，这家柏林中餐馆的鼻祖，也因访客寥寥而被迫关闭。

2.1.2 "China-Restaurant" 和 "中国风"设计

随着二战后经济的复苏，西柏林的中餐厅亦如雨后春笋般出现。[2]20 世纪 50 年代在联邦德国仅有约 40 余家中餐馆，但截止 1964 年，这个数字已上升至 220 余家。[3] 二战后中餐厅在联邦德国和其他西欧国家，以及北美等西方国家的扩展体现了中国饮食的全球化发展。此外，中餐厅在联邦德国一些大都市的增长也折射出社会变迁的现象。自 50 年代末期开始，联邦德国的民众明显地拥有更多了外出就餐的支出。例如，越来越多的雇员在餐厅用午餐，中餐厅和其他一些外国餐厅为此提供了午餐选择的多样性。除此之外，日渐增长的度假旅游也催生了更多中餐馆的出现。正如外国餐

---

[1] 1931 年日本侵华后，爱国的中国留学生们试图引起德国公众对战争的关注。他们散发传单，并在一家中餐馆的前门张贴标语：日本人不得入内。（Yu-Dembski 2007, S.61）

[2] 从 1950 年代开始，在其他西欧大城市中也出现了中国饮食的全球化现象，例如：伦敦、阿姆斯特丹、鹿特丹等。

[3] 李明欢. 欧洲华侨华人史 [M]. 中国华侨出版社，2002.435.

厅构成了人们国外度假旅游时的一个重要组成部分，德国的中餐厅也满足了西德人对新口味和异域消费的追求。因此，在德国的中国菜被视为联邦德国现代都市生活方式的组成成分，它为当时西德人生活方式的国际化提供了一条特殊通道。

在德国的战后时期，取代"中国的餐馆"这种称谓的是一种日渐流行的新概念："China Restaurant"（中国餐厅），这种叫法在 1945 年之前从未用过。❶ 与二三十年代中国的餐馆这种称谓相比，50 年代时许多中餐厅不仅重视提供具有异域风格的中国菜，还开始强调餐厅的室内设计和陈设设计，以此突出异域的、别具特色的中国文化，使得德国客人对中国的想象在餐厅的消费体验中得以物化。1953 年在汉堡开张的中餐馆"Tunhuang"便是一个范例。拉尔斯·阿曼达（Lars Amenda）将"Tunhuang"餐厅的成功运作归功于精致的菜品，及其配以一流的餐厅氛围和新型管理。首先，"Tunhuang"餐厅提供了源自于中国南方的地方特色菜肴，厨师都是来自于江苏扬州的专业厨师。由于当时在德国仅有少数的专业厨师在中餐厅就职，"Tunhuang"餐厅就是一个例外。此外，与其他同时期的中餐厅相比，"Tunhuang"中餐厅的不同之处在于，它强调中国的地方特色菜。由于当时大部分德国食客并不能辨别中国地方烹饪菜肴的差异，"Tunhuang"中餐厅在市场上显得独树一帜。除菜品的质量外，餐厅精致的室内设计同样扮演着重要角色。当时一篇报纸文章曾对位于汉堡市阿尔斯特湖边的"Tunhuang"餐厅分店的建筑和室内设计进行了描述："阿尔斯特湖边的一座中式亭台内衬着黑色天鹅绒铺饰，除了转经筒，还配有水烟壶，描龙画凤的大花瓶以及精选的中国珍品。芦苇编织物上绘制的是若干世纪前宫廷贵妇的画像，以及来自唐朝拥有 1500 年历史的华丽花瓶。"❷ 在该文的描述中，一些典型的中国元素符号清晰可辨，它们至今仍是中餐厅内饰的不变套路：中国亭台，龙的符号，中国花瓶（瓷器）和中国画风的画作。

---

❶ 联邦德国的其他国际美食被继续称为"意大利菜、希腊菜"等。"中国餐馆"一词的确切起源无法澄清。

❷ Waldquelle[N].Bild-Zeitung，1953-06-04.

为什么"Tunhuang"餐厅采用这些元素来传达中国形象呢？这些中国元素的运用并不是新鲜事，我们在欧洲17和18世纪的"中国主义"（Chinoiserie）中均可觅得其踪迹。"中国主义"这个概念指一种流行于欧洲巴洛克早期至晚期，尤其是洛可可时期的中国风格。自17世纪开始，越来越多的中国商品，尤其是瓷器，漆器，丝绸，茶叶等出口至欧洲。来自于中国的精致商品、欧洲旅行者传奇般的中国旅行报道，以及对中国哲学的逐渐了解，均引发了欧洲人对中国人生活世界的无尽遐想。这一现象同样也反映在艺术领域，如欧洲的绘画艺术，空间设计和建筑设计极大地受到中国风格的影响。弗朗索瓦·布歇（François Boucher）的画作"Le Jardin chinois"（中国花园）和位于波茨坦无忧宫内的中国茶楼建筑均是典型案例。

"Tunhuang"餐厅的设计可追溯到欧洲的"中国主义"风格。餐厅的建筑物造型采用中国亭台形式，目的是显现餐厅的中国特征。亭台是中国古典园林艺术中不可分割的组成部分，通过"中国主义"与中国园林艺术一起引入欧洲。"亭"的中文原意指停滞，因为中国亭台原本是旅行者途中休息的地方。[1] 除它的实用功能外，亭台在中国根植着深深的文化含义。一方面，亭台的建造艺术作为中国园林艺术的组成元素与自然关系紧密。另一方面，中国历史上许多著名的亭台均由学者和文人雅士建造，因此，亭台同时也体现出中国精英的高雅文化。[2] 所以中国亭台也可作为文人雅士饮酒作诗的场所。就此意义而言，中国亭台所体现的不仅是建筑形式，还有文化和精神层面的空间。"Tunhuang"餐厅通过这种中国建筑艺术元素，展现出一种与自然密切相连的、时尚的中国生活方式和中国高雅文化的氛围。

"Tunhuang"餐厅的室内空间布置了许多昂贵华丽的中国瓷器（花瓶）。与中国园林艺术相同的是，中国瓷器也直接影响了当时的欧洲人。进口的昂贵中国花瓶在当时属于欧洲贵族室内布局的通用装饰风格，夏洛滕堡宫的瓷器室便是其范例之一。此外，昂贵的中国花瓶还具有一种重要象征意

---

❶ 张家骥. 园冶全释 [M]. 太原：山西古籍出版社，2002.482.

❷ 周宁. 世纪中国潮 [M]. 北京：学苑出版社，2004.166-180.

义，它是社会地位的标志性符号。一方面，中国瓷器被当时的欧洲人视为与中国这个传奇世界的连接标记。❶另一方面，绘制在中国瓷器表面上那栩栩如生的场景，富有韵味且淡墨笔触的着色，中国人富足的生活，无一不唤起了当时欧洲人对另一种精致生活的渴望。❷因此，"Tunhuang"餐厅选择中国花瓶置入室内设计，以营造出一种富有特色的文化氛围，一种折射出独特的、社会及文化品味的室内环境。

　　除此之外，龙（中国龙）这个符号在"Tunhuang"餐厅中也被用作一种装饰元素。作为中华民族的象征，龙这个符号在中国文化中扮演着极其重要的角色。龙源自于中国神话，被视为神。龙也是中国皇帝的标志性符号，因此它只能用于宫廷建筑和皇帝的日常用品中。"Tunhuang"的室内陈设设计试图通过画龙的花瓶创造出高级餐厅的形象，以赢得客人的尊敬。借助由"中国主义"在欧洲传播的中国风格元素，"Tunhuang"餐厅营造出一种特有的中国文化氛围。此举唤起德国消费者的一种特殊情感，莫林（Möhring）称之为"想象之地"，食客不仅在餐厅内吃饭，同时还能感受环境的品味和异国文化。

　　但由于当时跨文化交流的限制，"中国主义"只是欧洲人关于神秘中国的想象。哈林格（Hallinger）在其《中国主义的终结》一书中提出了激进的观点："欧洲艺术的中国主义并未体现出中国或东亚的真实情况，它们不是对这种文化兴趣增长的镜子，而恰恰相反。""Tunhuang"中餐厅的设计也是如此，由于当时餐馆领导层由中国人和德国人组成，餐厅设计方面更多地倾向于迎合当地德国顾客及他们的中国想象。其餐厅的设计并非是对中国文化的真实表现，它更多反映出德国人对中国品味的想象。因此，"Tunhuang"餐馆主要针对德国客人。

2.1.3　大众消费的"饮食剧院"

　　"Tunhuang"餐厅的设计影响了当时的一批中餐馆，汉堡市出现了大

---

❶ Wolfgang Schivelbusch.Das Paradies，der Geschmack und die Vernunft[M].Eine Geschichte der Genussmittel.Frankfurt am Main，1990：16-17.

❷ Adolf Reichwein：China and Europe.Intellectual and Artistic Contacts in the Eighteenth Century[M].London，1925：25-26.

批仿效者。20世纪60年代开业的中餐馆"Sunya"在室内中央位置设计
了中式细工嵌花天花板和一个龙柱。"Nanking"餐厅的室内设计采用黑
色,红色和金色作为主色调,并在拱顶天花板上悬挂了中国灯笼。在随后
的一段时期内,一些固定的装饰元素,如龙柱、中国花瓶、红色和金色已
成为众多中餐厅的不可或缺的部分。由此,中餐厅逐渐形成了一种俗套的
中国形象,这类形象至今在德国的中餐厅中仍能见到,例如通过清朝年间
(1644—1911年)的装饰元素塑造典型的中国印象,它的建筑艺术和空间
设计均表现为一种精美的、复杂的和色彩极为丰富的装饰风格。

以这样的方式,中餐厅在20世纪60年代初的汉堡市中心和20世纪70
年代汉堡城市周边区域散播开来。"Tunhuang"餐馆以及其他位于汉堡市的
中餐厅被当时的媒体称为汉萨城市的"微缩名胜景点"。战后的大规模移民
和大众旅游滋生了本地人对异国美食的需求。与此同时,类似"Tunhuang"
这样的中餐厅也对汉堡市旅游业的发展做出了贡献。在度假旅游和与之相
关的短期饮食旅游的需求增长背景下,汉堡晚报于1972年出版了一份饮食
指南,帮助来汉堡旅游的游客选择正确的外国餐厅,当时的中餐厅已占据
了汉堡外国餐厅的一大部分份额(图2-6)。

德国中餐厅的另一个重要特征是,战后逐渐形成了迎合德国本地的菜

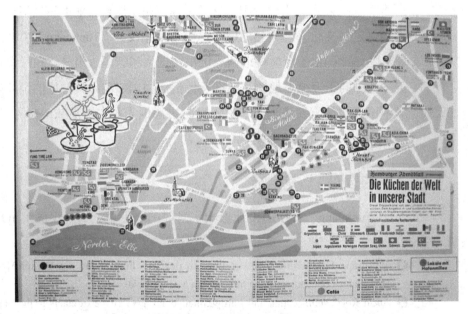

图2-6 "我们城市的世界厨房"(《汉堡晚报》1972年6月21日)

品口味，这点在德国今天的中餐厅内仍然可见。例如许多德国人喜欢甜酸口味或"香酥脆皮鸭"这个菜品。在笔者进行的一次采访中，柏林市一家中餐厅的两位经理对这种德式口味的来源做出了解释，他们指出，德式中餐也许源于柏林市的一家老中餐厅"Tai-Tung"，这家中餐厅开办于1957年，2009年由于餐厅建筑翻修而停业。

二战后，一些位于柏林的中餐厅获得了巨大成功。许多旅居柏林的中国知识分子和侨民在第二次世界大战后无法找到工作，改行餐饮业，在德国开办餐厅，例如于1956年在西柏林开办的中餐厅"Lingnan"和1957年开业的"Hongkong-Bar"都是典型案例。伴随着20世纪50年代中期西德的经济发展奇迹，冷战时期的西柏林想向世界传达一种自由时尚和开放的形象，在此背景之下，两家中餐厅的目标消费群均未局限于中国人的小圈子，而是面向国际的、勇于接受新事物的普通大众。因此，这些餐厅的室内和陈设设计转向于现代主义设计风格。与同时期的传统中餐厅相反，中国设计师Chen-Kuen Lee（李承宽）❶设计的"Hongkong-Bar"，通过高品位的设计在跨文化背景下另辟蹊径，笔者在"新式中餐厅"一章中将进行详细探讨。

但是，汉堡的"Tunhuang"餐厅和柏林的"Hongkong-Bar"仅是众多二战后中餐厅中，注重菜品的精致和室内设计细节的两个范例。与20世纪80~90年代位于德国的其他亚洲特色餐馆相比，例如与由专业的寿司大厨主营的寿司餐厅相比，德国的大部分中餐厅厨师并没有专业烹饪的技术背景，当时的联邦德国鲜见经过职业培训的中国厨师。当时中餐厅最常见的类型建立在家庭经营的基础上，常见的场景是，丈夫在厨房主厨，妻子在大厅作服务生兼顾收银，这类型的中餐厅已扩散至整个德国。❷"没有任何

---

❶ 李承宽来自中国浙江的一个富裕家庭。1931年（16岁），他来到柏林，后来在柏林应用科学技术大学学习建筑。他曾与Hans Poelzig、Hans Scharoun和Hugo Häring合作。1953年至1985年，他在德国独立开展建筑工作，设计了许多住宅。此后，他在台湾当了几年教师和建筑师。2003年在柏林去世。

❷ 如今，在柏林的许多中餐馆里仍然可以找到这种家庭经营的中餐厅，在笔者的柏林中餐厅田野调研中，这种分工非常常见。许多中餐厅业主在20世纪80年代和90年代来到德国，其中很多人来自于青田（位于浙江的一个小镇）。

现象能比中国饮食在德国的扩张显示了其发展的成功，中国餐厅自 50 年代末期开始持续在西德的大城市中扩张，直至 70～80 年代发展至小城市和乡镇中。"在柏林墙倒塌之后，中餐厅在德国的发展与中国的新移民潮一起渐成气候，尤其在 1989—1992 年间达到高潮。根据统计数据，直至 90 年代末期，任何一个居民人数超过 15,000 的德国城市中都有一家或多家中餐厅。

2.1.4 电影"King Bao Huhn"（宫保鸡丁）和"Sushi in Suhl"（苏尔的寿司）

当今许多艺术家和设计师将注意力投向跨文化和多元文化领域的创作。居住在德国的中国导演 Bin Chuen Choi 在其 13 分钟短片《Kung Bao Huhn》中演绎了在汉诺威一家小型德国中餐馆内，地道中国菜与西化中国菜之间的冲突。这个矛盾源于地道的中国烹饪文化与德式中餐烹饪文化的不同，前者是年轻的中国厨师在中国家乡所学，后者则是他必须为德国食客使用的德式化烹饪技术。该影片指出了许多中国侨民的"文化休克"现象，体现了自我和异国层面在真实生活中的跨文化交流与碰撞。

影片"Sushi in Suhl"（苏尔的寿司）讲述了一个真实的故事。德国厨师罗尔夫·安修茨（Rolf Anschütz）于 20 世纪 70 年代在德国的苏尔（Suhl）市开办了一个日本餐厅。苏尔小城约有 40,000 居民，位于当时民主德国的图林根州。作为当时民主德国境内唯一的一家日本餐厅，安修茨的餐厅因此闻名。最初安修茨承接了一家名为"Waffenschmied"的餐厅，仅提供如德式土豆丸、图灵根烤肠、图灵根烤肉排等传统图林根州地域菜。但安修茨想在他的餐厅里借助日本烹调艺术实现他的远东梦。根据一本国际化菜谱中对日本烹调艺术的描述，他尝试着制作日本菜。事实上安修茨在开始制作日本菜之前从未去过日本，对日本菜更无任何理解。由于当时东德的正宗日本菜配料极度缺乏，安修茨不得不寻找许多替代品，例如用一种民主德国的 Maggi-Worcester 酱料替代日本酱油，在寿司卷中用菠菜叶替代海草。稍后他又尝试设计制作日本宴会。餐厅的墙壁采用织物装饰并在上面绘出中国汉字、龙和荷花。至于"日式"家具榻榻米，他将椅子腿锯短，并将长板放在矮凳上形成"日式"餐桌。安修茨"Waffenschmied"餐厅的成功主要归功于日式的饮食仪式感场景。客人们由身着和服装，扮成艺伎的女服务生问候迎接，进餐前，客人们可在一个游泳池内裸泳，期间提供饮料和日本歌曲。泳后，客人们换上和服步入餐厅，安修茨向客人们致以问候并解释日本菜单。最后，客人们在小矮桌和坐垫上进餐。"Waffenschmied"餐厅的座位需提前一年预订。由于该餐厅当时在德国名声大噪，安修茨被日本官方邀请，作为国家级贵宾出访东京，并接受了由日本皇室亲自授予的勋章。但与此同时，安修茨的首次访日经历让他接触到了日本的真实生活，并深感困惑，因为这与他最初对日本的想象大相径庭。

消费者对罗尔夫·安修茨日本餐厅传奇般的认可，并不是建立在所谓"地道"日本菜的基础之上，而是归因于远东体验的场景置入设计，因为对当时的民主德国公民而言，去日本以及许多其他国家进行一次旅行是非常困难的。苏尔市曾经的城市发言人，赫尔格·乌思科（Holger Uske）在一次访谈时说："这确实是一次无与伦比的经历……东德人可以仅用几个小时就到达了西方。"❶ 德式日本餐厅"Waffenschmied"的故事反映出一个现代欧洲人对远东的想象，以及当时民主德国的公民对全球化时代参与国际化进程的渴望。

2.2

当代德国中餐厅的设计叙事类型学研究

2.2.1　德国中餐厅：完整的"原真性建构"设计叙事

德国《施瓦本日报》的一篇报道描述了德国一家中餐厅内的典型场景："迈耶先生一家已经决定好了：'我点 36 号糖醋，父亲说。孩子们点了101 号，妈妈更喜欢 9 号的豆腐餐。'大多数德国人以这样的方式在街角附近的中国餐厅内就餐，但他们最后得到的食物其实与正宗的中国菜相距甚

❶ Stefan Locke.Japanische Küche in der DDR：Sukiyaki in Suhl[J]Frankfurter Allgemeine Gesellschaft，2012.（http://www.faz.net/aktuell/gesellschaft/menschen/japanische-kuechein-der-ddr-sukiyaki-in-suhl-11884028-p2.html）[abgerufen am 15.10.2016]

远……"❶ 这篇报道批评了德国当下许多常见的德式化中餐厅。

德国许多中餐厅的典型特征是提供本地德式化中餐服务，类似现象在美国、加拿大、澳大利亚等西方国家也非常常见。由于东道国的地区、文化、经济和目标群体的影响，中餐和德国其他民族美食一样，逐渐被德国当地的饮食和生活方式所同化。尽管如此，为强调其民族特色，"正宗中国菜"的口号仍然被所有德国中餐厅作为一个重要特征，以满足德国顾客对异国体验的渴望，因为我们需要通过消费异国美食来展现我们的世界主义。由于跨文化交流的不断增加，今天的德国消费者对中国食品和中国饮食文化有了更多的了解，这也导致了德国当地越来越多的，关于德国中餐厅的中餐真实性以及饮食全球化对本民族饮食文化影响的讨论。上述德国《施瓦本日报》的报道就是其中一个案例。

此外，关于正宗中餐有不同的界定，因为就中国各个省和地区而言，实际上存在着非常大的地区差异。因此，正宗中餐的概念在这里不应被视为一个客观的固定存在，而应被视为一个动态的术语。

"Authenticity"（真实性 / 原真性）一词源自希腊语"autoentes"（自我实现），因此，"原真性"与"我、自我，个人创造的产品"等概念密切相关。从词源学解释，"原真性"与原创性、真实性和"对现实的高度接受"相关，也可援引到可靠性和可信度等概念。"原真性"是一个变量，其会受到诸如时间、地区和文化等多种因素的影响。这个视角同样也适用于德国中餐的正宗性讨论。

在关于饮食文化的原真性建构研究领域方面：社会学家鲁舜（Shun Lu）曾透过对美国佐治亚州雅典的四家中餐馆，展开了对民族特色餐饮的分析，在他看来，民族特色餐馆是否能在东道国获得成功，并不取决于他们能否提供与本国相同的食物，而取决于如何协调"真实的和美国化的"这一对看似矛盾的共同体，并取决于如何在有意识改良（中国饮食）传统的同时保持传统。致力于饮食人类学、饮食地理学研究的一批学者，如：曾国军、蔡晓梅等对跨地方饮食文化的原真性及其生产过程进行了大量研

---

❶ Joanna Stolarek.Erst das Essen，dann die Geschäfte.In Deutschland gibt es über 10.000 chinesische Restaurants[N].Schwäbisches Tagblatt，2012.

究，并获得了较为丰富的研究成果。曾国军等指出，饮食文化的跨地方传播体现在保持文化原真性和实施标准化之间的调整，这是一种跨地方文化生产过程，他提出了四种不同的饮食服务跨地方文化生产类型。在关于跨地方文化生产餐厅的原真性重塑研究中，曾国军等通过对广州西贝西北菜餐厅的案例研究发现，原真性环境和服务的建构比原真性食物更重要，其对顾客的原真性体验能产生积极影响。❶刘彬等对跨地方民族主题餐厅的原真性重构与消费者的感知体验进行了深入研究，并以成都市的阿热藏餐厅为研究案例，指明了"地道/原真性"是源于消费者需求和感知，是内外部主体多元建构与持续协商的可塑性产物。❷

综上所述，饮食文化的"原真性"是一个变量，其取决于东道国的政治、经济、文化和目标群体。同理，德国境内的中餐与中国饮食文化的"原真性"也应被视为一种可变的社会建构而存在，因其在受到德国本土文化的接受和排斥过程中被不断塑造。此外，中国各地的饮食文化存在着巨大的地区差异。因此，本文中研究的中餐和中餐厅设计的原真性概念并不是一个客观标准，而是一个动态术语。

基于上述思考，笔者研究的出发点并非"是什么构成了跨文化语境下的正宗中餐和正宗中餐厅"，与之相反，而是从德国中餐厅对中国饮食文化的"原真性建构"研究出发，即"原真性"在这里可以被描述为由整个餐厅实现的完整建构，这使得德国中餐厅呈现为一个设计整体。此外，"原真性"也可被理解为"被人们认为或被接受的真实"，即原真性及其构成与人的想象观念直接相关。因此，原真性通常借由设计叙事，被有意识地、操纵性地建构并置入到饮食"剧院"空间中，在上述这种联系下，笔者使用来自于戏剧领域的术语，即："导演（Inszenierung）"来描述整个过程。

早在 17 世纪，德语"Inszenierung/Inszenieren"就已作为戏剧领域的语义概念被使用。19 世纪初，奥古斯特·勒瓦尔德（August Lewald）将"la mise en scène（布景/表演）"这一法语概念转化为德语。德语动词

---

❶ 曾国军，刘梅. 跨地方饮食文化生产的过程研究——基于符号化的原真性视角 [J]. 地理研究，2013，32（12）：2366-2376.

❷ 刘彬，杜昀倩. 跨地方的"地道"：民族主题餐厅的原真性重构与感知研究 [J]. 美食研究，2020，37（3）：1-7.

"Inszenieren"（导演）的意思为："使某人或某物成为剧院的主题，或在文学或其他艺术作品中为某人或某物指定一个位置，例如在绘画中。"❶ 在20世纪20～30年代，名词术语"mise en scène/Inszenierung"被创造出来，被特指导演工作人员从组织者提升到艺术家的身份转变。今天"导演"这一术语在许多文化领域被广泛使用，作为一个美学术语，"导演"可以参与城市规划、建筑、设计和广告中的审美工作和审美过程。

"Inszenierung"这一概念同样可以被运用于关于德国中餐厅的设计叙事研究，在此视角下，"导演"被描述为一个过程，在这个过程中，各种叙事策略的运用让餐厅成为一个剧院场景。现代餐厅往往被设计成一个虚拟的"剧院"，通过设计叙事的"导演"，消费者的行为被无形引导，在餐厅"剧院"里演绎着被安排好的表演。阿兰·夏坦（Allen Shelton）认为，餐厅是一个用生疏的空间、话语和品味并将之转变成社会结构的符号化的空间，在这个空间中，餐厅如同剧院一样，能塑造顾客的思想与行为。❷ 彼得·斯蒂芬森（Peter Stephenson）曾以荷兰麦当劳餐厅空间对人行为的影响为例，描述了一些荷兰消费者在文化情境转化空间中的自我迷失现象："当消费者跨进麦当劳那道门时，就会发生一种瞬间的移民感，荷兰的规则显然不起作用了。"通过对外部建筑、内部空间、物品陈设和饮食服务等方面的设计叙事，餐厅成为了一个组织化的空间，并影响着使用它们的人，这正如同舞台的布景能塑造演员的行为一样。因此，笔者尝试探寻以下问题：哪些代表中国饮食文化的设计元素构建了德国中餐厅的原真性"中国"风格？现存德国中餐厅设计的原真性建构形式和设计叙事语言有哪些，及其产生的原因是什么？德国目前有哪些成功和不成功的中餐厅案例，以及德国中餐厅设计叙事的未来发展趋势是什么？

以下笔者基于田野调查研究方法，对现有市场上的德国中餐厅展开深入分析，并对中餐厅的"原真性建构"现象进行了设计叙事的类型研究，将其分为"忠于自我型、中餐厅的伪假模仿和新式中餐厅"三种基本类型，

---

❶ Erika Fischer-Lichte.Inszenierung von Authentizität[M].Tübingen：A.Francke Verlag，2007：12.

❷ Allen Shelton.A Theater for Eating，Looking，and Thinking：The Restaurant as Symbolic Space[J].In：Sociological Spectrum，1990，Volume 10：525.

每个类型都通过典型案例展开详细分析。德国中餐厅这一"跨地方"空间中的行动者、参与者和物质层面因素是分析重点，因为"食物消费的场境（食者和饮食的社会背景）与文本（被消费的食物）同样重要。"❶以下笔者将聚焦于两个层面的研究：即建筑设计、室内设计、家具陈设、服务、烹饪、食物等组成的物质层面，以及在这个跨地方空间中发生社会交互的行动者——消费者、餐厅员工与经营者以及餐厅设计师。德国中餐厅一方面可被视为发生社交互动的社会空间；另一方面，中餐厅的物质设计形式也体现出与消费者的内在联系，因其折射出消费者的渴望、品味和价值观，可被视为一种"欲望建筑"。德国中餐厅的设计叙事建构了一个跨地方空间，在这里，代表中国的民族性饮食传统被汇聚在一起，并同时产生了新的跨国多样性。

2.2.2　德国中餐厅：田野调查

根据德国联邦统计局的数据，2018 年共有 143,135 名中国人居住在德国（不包括中国台湾人和入籍德国的中国人），在德华人人数总体呈增长趋势（2012 年约为 9 万人）。❷

到目前为止，餐饮业一直是中国移民在德国的经济支柱，因为大多数在德国的中国移民都从事或曾经从事过餐饮业。中餐厅对于许多移民德国的中国人来说，扮演着最重要的角色。对于很多华人移民来说，最有效的定居策略是先在中餐厅做店员，然后自己开餐厅。这也适用于许多拥有德国大学学位的中国移民，因为获得大学学位并不总是意味着离开餐饮业。在笔者的实地考察中遇到了许多拥有德国大学学位的年轻中餐厅老板，他们有的属于第二代中国移民，有的是几年前来到德国学习。为了资助自己的学业，许多中国人在学习期间已经在中餐厅获得了一些工作经验。如果他们在完成学业后还没有找到合适或令人满意的工作，"自己当老板 / 自雇人士"或开一家小中餐厅似乎总是一个不错的选择。

---

❶ Peter Stephenson.Going to McDonald's in Leiden：Reflections on the concept of self and society in the Netherlands[J].In：Ethos，1989，Volume 17，Number 2：237.

❷ Juliane Gude（Redaktionsleistung）.Statistische Jahrbuch.Deutschland und Internationales 2019[M].Statistisches Bundesamt.Wiesbaden，2019：47.

在笔者的实地调查中，发现了中餐厅的另一些特征。许多中餐厅以家族企业的形式存在。非正式的华人网络在德国经营餐厅方面也发挥着重要作用："餐厅老板利用民族网络来寻找正式和非正式的劳动力、筹集启动资金和收集信息，应对政府管理法规变化和当前商业发展条件。"根据笔者的实地调研，柏林的移民网络由两个主要代表组成：来自香港和广州的移民，以及来自浙江青田（位于中国南部浙江省，被称为移民城市），例如柏林"Good Friends"中餐厅的工作人员几乎都来自于香港和广州。

最后，笔者在实地调查中发现了一个新的发展趋势，年轻一代的中餐厅业主正在为当前德国中餐馆的多样性做出贡献。与老一代相比，年轻一代的业主更加开放和灵活。在与柏林市"Ming Dynastie"（明朝）酒楼的二代老板傅先生的访谈中，当被问及新开的第四家餐厅分店的更现代的室内设计时，他回答："龙柱子、红灯笼、深色木家具的中餐厅传统形象已经不符合今天德国人的口味了。老一代德国消费者被认为是此类中餐厅的主要顾客，但他们不再构成德国的中心消费群体。"近年来许多新开的中餐厅都是基于跨文化管理，即中德老板共同经营一家中餐厅，这种变化将导致德国现在和未来的中餐厅形象发生变化。

本次实地研究一方面折射了中国移民德国及欧洲的历史，另一方面也反映了中国饮食文化在德国跨文化背景下的融合与转化过程，中国移民在德国民族利基市场的社会活动以及德国人对中国饮食文化的态度。

研究人员开展田野调查的主要城市包括：柏林、汉堡、杜塞尔多夫，实地考察了共计20多家中餐厅，时间跨度为2017年2月至2019年8月，在2023年7月进行了针对于典型案例的再访研究。本文的研究案例选取了在德国柏林市的三家中餐厅，具体调研地点为柏林市的康德大街区域、柏林近郊的霍恩诺伊恩多夫区和克洛茨贝格区。大约330万人居住在德意志联邦共和国的首都柏林，其中包含了许多来自于世界各地的移民。早在20世纪20～30年代，康德大街就是柏林市的华人区，其拥有德国中国移民和中餐厅的最长历史。时至今日，柏林的康德大街上依然存在许多中国餐馆和中国商铺，这里仍被视为中国侨民的重要社会和生活空间。此外，由于二战后德国中餐厅充当了城市内短期饮食旅游的功能，一些较为大型的中餐厅位于城市市郊，因此研究人员在柏林市近郊选择了一家典型性目标中餐厅。最后一个研究案例为一家位于柏林克洛茨贝格区、弗朗格大街居民生活区的中餐厅。

根据 2023 年德国联邦政府数据统计，大多数在德的中国公民（总计：36,453 人）居住在北莱茵 - 威斯特法伦州。杜塞尔多夫市是北莱茵 - 威斯特法伦州的首府，也是其中心经济区，以国际化闻名，2023 年总计约有 166,626 名外国人居住在此 ❶，其中包括许多东亚居民，主要来自日本和中国。华为、中兴通讯、中国银行等约 300 家中国企业落户杜塞尔多夫市。2014 年 3 月，第四个中国驻杜塞尔多夫市的总领事馆正式开馆。这些先决条件使杜塞尔多夫市成为中国餐饮业的一个充满活力的聚集地，实地调研中的一些访谈是在现场进行的。由于中餐厅在德国的历史发展背景，笔者在汉堡市也进行了一系列实地调研。

笔者在柏林、汉堡、杜塞尔多夫市首先对目标餐厅开展了实地考察，重点拍摄并收集了目标餐厅的建筑设计、室内设计、家具陈设、饮食器具设计、菜单等相关图片资料 600 余张。其次，笔者以消费者身份对目标中餐厅进行了实地用餐体验，并开展了进一步的调研工作，主要包括对餐厅经营者、雇员、（中德）消费者的深度访谈。对目标餐厅经营者和雇员（共10 人）的访谈旨在了解经营者 / 雇员的身份、移民故事、餐厅历史，餐厅的市场定位和品牌策略等信息；对消费者的访谈分为中国籍（当地华侨和外地游客）和德国本土籍消费者，共计 21 人，访谈主要围绕餐厅对中国饮食文化的原真性设计建构及其风格展开，具体了解不同文化背景的消费者对目标中餐厅的饮食口味、建筑设计、室内环境风格、餐具设计、服务印象等相关评价。此外，为了弥补访谈样本的局限性，研究人员定期在德国谷歌的餐厅评价、目标中餐厅官方 Facebook，以及柏林当地华人微信群等网络社交平台收集相关评价信息 400 多条，以作为研究的辅助参考。最后，笔者还对德国一些中餐业协会的负责人开展了网络访谈，如：时任德国汉

❶ 依据联邦州计算的、在德国的中国公民总数，数据截止到 2023 年 12 月 31 日（来源：德国统计局网站）

堡中餐同业会会长的俞明珠女士、Chen Minghao（Michael）先生等，旨在从行业角度了解德国的中国餐饮市场。此后，研究人员以消费者身份不定期地回访了这三家目标中餐厅，并未发现其室内设计和饮食服务等方面的重大变化。在此期间，研究人员还对个别新进雇员和（中德）消费者开展了半结构式访谈，以了解餐厅的最新经营状态和消费者体验。

笔者还对目标餐厅的设计师进行了深度访谈，如：对柏林长征食堂中餐厅设计团队、德国 Ett La Benn 设计工作室创始人 Oliver Bischoff 先生长达 4 小时的访谈，旨在一方面了解跨文化背景下外籍设计师对中国饮食文化的理解；另一方面，考察其设计团队历年来在德国和欧洲境内、以设计师身份介入中餐行业的从业经验，这不仅对笔者从设计专业角度理解目标中餐厅的原真性建构的设计叙事类型提供了帮助，还能从侧面了解德国中餐业的市场发展与需求，以及不同种类中餐厅的市场定位与品牌策略。

2.2.3　设计叙事类型研究 1——"忠于自我型"中餐厅

德国中餐厅的第一个类型是"忠于自我型"中餐厅。此类型中餐厅旨在从物质和精神的双重角度体现"忠于自我"。此部分的研究重点并非在于德国中餐厅与中国的"正宗"中餐厅之间是否相同，因为即便在中国，对餐厅也没有一个行之有效的统一评判标准。因此，应本部分研究在中国饮食和中国饮食文化特征的考量下，将德国中餐厅的研究重心更多地放在原真性建构设计上。

对"忠于自我型"中餐厅的原真性设计建构将从以下两个维度展开分析：餐厅如何体现"忠于自我"（true to itself），与餐厅如何提供"表里如一"（what it say it is）的服务❶。"忠于自我"表现在餐厅经营者试图提供具备其原真文化特质的中餐，以及体现了经营者的身份和核心价值观；"表里如一"是指，餐厅能从食品、服务、氛围、室内设计等各方面将其核心价

---

❶ 吉尔摩.真实经济：消费者渴望的是什么 [M].陈劲译，北京：中信出版社，2010：203-230.

值观行为化，并体现其原真性文化特色❶。这里的研究重点并不在于它是否与中国当地的同类型餐厅相同，而是考察它基于上述两个维度的原真性设计建构方式，及其如何为消费者创造原真性体验。张光直先生在《中国文化中的饮食》一书中对拥有数千年历史的中国饮食归纳出 5 个基本特征。第一，本地自然资源对中国饮食文化具有决定性意义。事实上，这个特征对于各种不同地方菜系的诞生产生了巨大的影响。第二，在"饭菜原则"中，"饭"（谷物和其他含淀粉的食物）与"菜"（蔬菜类和肉类菜肴）是等值的，这个原则也对不同餐具的分类做出了贡献。第三，中国菜的特点在于极具灵活性和适应能力。由于"菜"由各种不同成分混合而成，因而无法准确规定其配菜、口味和配料等诸多要素。此外，如果因季节原因或食物短缺而无法配齐所有配料，还可以寻找替代品，中国人对于野生植物和菜肴保鲜的认知水平折射出中国菜的适应性。第四，中国人对饮食所持的观念和信仰很大程度上影响了食物制备和享用的方式与习俗。在中国饮食文化中，食物也是药物，饭菜会影响身体健康，正确食材的选择必须顺应季节和人的健康状况。身体的机能遵循着"阴 - 阳"这个基本的、与饮食密切相关的原则，如果无法保持两种原则的平衡，身体就会出现问题。因此饮食也按照"阴 - 阳"原则进行划分："凉"，凉性（可抑制热的食物，如水生植物或螃蟹）；"热"，温性（强调热的食物，如辣椒，烹制的肉类）。第五，饮食在中国文化以及日常生活中扮演着中心角色。饮食在中国是一件极为严肃的事情，因为食物以及所使用的餐具均是代表社会等级和礼仪规范的重要标志，例如依据"礼"（礼仪）的规定，所有餐饮器具必须按照政治等级进行分类。

中国饮食的另一个特征是烹饪风格的地域性以及亚地域性，这一现象主要表现在位于中国的餐厅里："细分中国地方烹饪风格的方法多种多样，但它们基本建立在重要世界性大都市中心的主要餐饮学校的基础上，如北京，上海，香港和台北。"自宋朝以来，便已存在中国菜系的这种地域差异性。因此，即便在中国也没有统一的中国菜，只有来自于不同省市的地方

---

❶ 曾国军，刘梅 . 跨地方饮食文化生产的过程研究——基于符号化的原真性视角 [J]. 地理研究，2013，32（12）：2366-2376.

特色菜。

柏林市的 Good Friends（老友记烧腊饭店）和 Aroma（财神）餐厅都提供粤菜餐饮服务，是"忠于自我型"中餐厅的典型代表。此部分重点探讨以下问题：餐厅通过哪些"原真性建构"的设计元素，如：配料和烹饪，服务和菜品，装饰和建筑等，来呈现广东地方菜的地道性？为什么餐厅经营者在德国固执地坚持这种地道性？这种行为后面是什么样意识？哪些设计是基于德国/西方规则的妥协和适应？在这部分研究中，笔者同时聚焦分析了餐厅的消费群体。

今天，在柏林的康德大街上仍能见到许多中国餐厅和商铺，这里曾在20世纪20～30年代被视为中国侨民和中餐厅的重要中心。柏林市康德大街上两家最受欢迎的中餐厅"老友记"和"财神"相距不远，它们拥有许多相同的特性，这里将它们作为广东地方菜系的餐厅代表。

与中国其他地方菜相比，粤菜在德国和其他西方国家都有较长的历史。大不列颠与清帝国之间第一次鸦片战争后，清政府被迫割让香港并开放五个中国港口城市作为通商口岸，其中便有广州。从那时起，许多中国伙夫，商人，留学生和外交官乘坐蒸汽船前往欧洲，其中许多人来自南方港口城市广州、香港和福建省。这些人是在欧洲开办中国餐厅的行动者，同时也是中餐厅的消费者。因此，欧洲早期的许多中餐厅都带有广东地域菜的特色，这一现象同样也出现在20世纪20～30年代位于汉堡市的许多中餐厅。

"老友记"餐厅继承了这种传统，它同时受到柏林市的中国侨民和德国当地人的喜爱。"老友记"餐厅于1993年在康德大街30号开业，开业初期的主要服务对象为中国侨民。"当时在柏林市有许多中国人，晚上他们离开自己打工的中餐馆后，就来到我们这里，吃点家乡菜肴。"❶来自香港的餐厅业主 Michael Ng 讲述道。柏林墙倒塌后，在德国的中餐业迎来了一个发展高潮。根据统计数字，1994年在德国60%的男性侨民和48%的女性侨民在中餐馆就业。❷中餐厅"万福宫"（位于柏林米勒大街143号）的业主吴

---

❶ Ulrich Goll.BERLIN，aber oho Goodfriends[N].Der Tagesspiegel，2013-03-21.

❷ Karsten Giese.New Chinese migration to Germany：Historical consistencies and new patterns of diversification within a globalized migration regime[M]// International Migration，Oxford，2003，41（3）：168.

女士，在我的访谈中忆及 90 年代柏林中餐厅的繁荣景象时叙述道："那些年，我们根本无需担心业务问题，每天都有众多大量食客（德国人）来光顾我们的餐馆，他们中的许多人必须排长队等候，才能最终吃到具有异域风格的中国菜，虽然我们的菜品已经极度德国化了。"❶ 当时柏林大多数中餐馆提供的是德国化的中国菜。因此，提供广东菜的"老友记"餐厅填补了市场空缺，其目标消费群过去是，现在仍是不断增多的中国侨民，其中也包括在德式化中餐厅工作的中国雇员。此外，来自于中国的游客，也是老友记餐厅的重要顾客群。根据海外中国公共事务委员会的统计，截至 1999 年，在德国的中国旅游类企业约达 200 家。中国游客的数量也从 1994 年 28 万人上升至 2001 年的 50 万人。中国的出国旅游游客数量自 2002 年的 1660 万飙升至 2012 年的 8300 万。❷ 根据世界旅游组织的数据，中国人已然成为了新的旅游世界冠军，他们在 2012 年为国际旅游总共花费了 1020 亿美元——取代德国人的 840 亿而占据首位。❸ "DZT（德国旅游中心注册协会）"早在 2013 年便确定了中国是德国在亚洲区域最重要的游客来源市场，并预测中国游客数量的增长至 2020 年将达到 22 亿。❹ 中国游客的快速增长为德国餐饮业的持续繁荣做出了贡献，并成为德国中餐厅的长期重要客户群。"老友记"餐厅和"财神"餐厅便是其中范例，它们均提供广东地方菜。笔者将从以下几点展开对其"原真性建构"的设计分析。

首先，"老友记"餐厅体现出对广东地方饮食习惯的传承，餐厅经营者提供了广东常见的宵夜饮食服务。在笔者对老友记中餐厅的一些常客访谈中，许多人描述了他们曾在餐厅吃宵夜的经历。20 世纪 80 年代移居德国（柏林），现任柏林市中餐厅"Royal Garden"经理的曾先生谈及老友记餐厅的故事时说："当时（90 年代），这是我普通的日常，每天晚上离开我打工

---

❶ 该采访于 2013 年 6 月 19 日在中国餐馆"万福宫"（位于柏林 Muellerstr.143）进行，采访对象为业主吴红丽女士。

❷ Deutschland-Tourismus.Zahl chinesischer Besucher steigt um ein Drittel[N].Spiegel OnlineReise，2011-09-26.

❸ China-the new number one tourism source market in the world[N].UNWTO，2013-04-04.

❹ German National Tourist Board.Incoming-Tourism Germany Edition[M].Frankfurt am Main：DZT，2013：22.

的餐馆后，我和我的同事们便一起去老友记，因为那里营业到凌晨 1 点钟，有时甚至到 3 点钟。在老友记餐馆我还能经常碰到在柏林其他城区居住和工作的老乡。"

"宵夜"是晚饭后（一般从 21 点至凌晨 4 点）的一种非正式的饭点，是一种流行于中国香港、广东和其他南部地区的饮食习惯。伴随着 70 年代和 80 年代的中国经济发展，香港已转变成为一个国际化城市，全世界各种不同的菜品在这里汇集并摆上餐桌。此外，生活条件的改善也引起了"外出就餐"文化的出现，并为居民业余生活的多样性做出了贡献。越来越多的香港人将更多的钱花费在外出就餐上，类似的现象也出现在广东省，例如一些自 80 年代开始建立的"经济特区"城市中。这些餐厅一方面被日益扩大的"白领"中产阶层用于消磨工余时间，另一方面，餐厅也成为了白天紧张工作后的夜间娱乐场所。无论是供给还是需求、香港和广东一带适宜的亚热带气候，都催生着餐馆夜生活的繁荣。"宵夜"逐渐成为都市生活方式的一个组成部分，越来越多的广东餐馆供应"宵夜"（又称饮夜茶）。❶

"老友记"餐厅将这些饮食习惯传承到柏林市。借助提供粤菜和延长营业时间，使其迅速发展成为在柏林新一代中国移民的聚会场所，在白天的紧张工作后，这些中国移民们可以在这里品尝家乡菜肴，并与同乡们交际联络，聊天叙旧。德国的"老友记"餐厅提供的宵夜服务减轻了当时一批中国移民群体在异乡的边缘化处境。时至今日，"老友记"中餐厅仍是当地中国移民举办婚礼和生日宴会的最佳地点，它是许多柏林市中国侨民的"记忆所系之处"。"财神"餐厅拥有相同的特征，它是"老友记"餐厅的跟随者。

第二，两家餐厅通过其所供的菜品和服务设计来体现"原真性"。它们提供广东地方菜系菜品，如：点心、新鲜的海鲜特色菜、各类煲汤、烧腊和肠粉。德国人一般不吃的几种中国特产，如千年蛋（皮蛋）、凤爪和鱼翅

---

❶ "饮茶"起源于广东，是这个地区生活中不可或缺的一部分。"饮茶"同时也吃点心，点心比喝茶更重要："由于饮茶的重点是吃点心，所以在饮茶期间喝茶的理由主要是为了达到身体平衡……"。（Sydney C.H.Cheng, 2002）. 此外，在香港和广州，饮茶也被认为是一种沟通交流形式。每天有三次饮茶时间：早茶（5 点至 11 点）、下午茶（14 点至 17 点）和晚茶（21 点至次日 4 点）。

汤等，在这两家餐厅都能预订。烧鹅和白切鸡等菜品坚持带骨烹制并悬挂在透明橱窗内展示。以上特点是这两家餐馆与其他德式化中餐馆的区别之处，因为后者供应的肉菜会按照德国烹饪习惯剔除骨头，但对于许多中国人而言，骨头比纯肉品尝起来更有味道。在中国，鱼翅羹属于昂贵的美味佳肴，一般出于特殊情况才会被订制，如婚宴或生日宴等。❶ 笔者在与一位"老友记"餐厅的服务生的访谈中获悉，鱼翅羹的原材料，干鲨鱼翅，甚至是从香港运至柏林的，特供中国侨民的婚宴之用。鉴于其高昂的价格，鲨鱼翅羹仅按需订制。在这两家餐厅中还能品尝到来自于广东的蔬菜，这一点更加强了其广东菜的原真性。笔者在 2022 年 7 月对餐厅的回访中发现，越来越多的德国本土消费者在"老友记"餐厅内实行共餐制，并对其提供的中式菜肴持肯定态度。

　　第三，老友记餐厅的地方菜品原真性还表现在"烧腊"的烹饪和展示设计方面。餐馆的中文全名为"老友记烧腊饭店"。当顾客从餐馆门前走过时，映入眼帘的是餐厅厨房临街的透明玻璃窗，窗内悬挂着一大排各类烧腊制品（图 2-7）。"烧腊"属于广东菜的特产，其代表了广东人特殊的烹饪肉食方式。❷ 烧腊最常见的是与米饭或面条一起提供，在广东和香港极受喜爱。

图 2-7　柏林"老友记"餐厅中悬挂的烧腊

---

❶ "中餐四大珍品：燕窝、鱼翅、熊掌和海参。"Frederick J.Simoons.Food in China.A cultural and historical inquiry.Florida：CRC Press，2000：427.

❷ "烧腊"包含了"烧味、卤味，腊味"。

图 2-8　香港 Joy Hing 餐厅内的烧腊

图 2-9　柏林"老友记"中餐厅的餐具

图 2-10　柏林"老友记"中餐厅的
室内设计

临街窗内悬挂着的"金黄色烧腊"是中国国内广东烧腊饭店的典型特征（图2-8）。除享受美味之外，餐厅内对"烧腊"烹制艺术的展示也扮演着极其重要的角色。窗内悬挂的烧腊制品构成了其地方饮食文化中不可或缺的一个组成部分，食客站在餐馆门口就已经得到了美味佳肴的提示。"老友记"餐厅以这种特殊的表现方式强调其在异国他乡的原真性。从这一视角可将德国的广东中餐厅的烧腊烹饪展示，与土耳其餐厅内的旋转烤肉杆的烹饪展示相比较。

"老友记"餐厅的餐饮器皿设计，如点心竹篮、圆茶壶、带有小瓷垫碟的茶杯以及筷子等，同样建构了餐厅原真性的一个部分（图2-9）。两家餐厅几乎所有就职人员均来自广东和香港，他们用广东方言或德语进行交流。就餐形式也是中式的，即采用共餐制而不是分餐制。

第四，两家餐厅的"原真性"还体现在朴素和简装的内饰设计上。"老友记"和"财神"餐厅的内饰不属于典型的德式中餐厅设计风格：这里没有大红立柱上的金色雕龙，天花板上没有悬挂红色灯笼，也没有凸显昂贵大气的中国花瓶。与之相反，老友记餐厅采用简洁的暗红木椅和朴实无华的蓝色桌布装饰（图2-10）。财神餐厅的内部陈设设计则采用暗红色木材作为墙板装饰以及简单的绿色调家具。"客人来这里是吃饭的，不是来参观的"。一些在德国，甚至在中国国内的粤式餐馆均以这种实用主义的想法为准绳。餐厅经营者以务实理念为指导，定位为柏林市当地普通市民阶层可以负担得起的中餐厅。因此，餐厅的室内设计中展现出香港茶餐厅"快速、实用、多元、平等"的文化特征。

尽管两家餐馆的室内设计朴实无华，但"中国"餐厅的一些特质也被有意识地建构到这个空间中，最典型的是两家餐厅朱红色调的陈设设计和龙凤厅（图 2-11 和图 2-12）。由于中国国内现代时尚的婚宴大部分在餐馆或酒店举办，许多酒店会专设龙凤厅以及舞台，用以营造仪式气氛，因为龙凤的形象配以大红色的背景是中国特有的婚礼和幸福的象征（图 2-13）。令人毫不惊奇的是，这两家装饰朱红色龙凤形象和设计了祝福汉字的餐馆，均成为了柏林当地中国侨民举办婚宴和寿宴的首选之地。

两家餐厅的其他陈设细节设计也体现了其原真性建构，例如家具摆放方式可令人联想到香港特色的"茶餐厅"。"茶餐厅"是一种粤式快餐的名称，一般提供按香港方式制作的西式菜品，同时也提供地方菜。"茶餐厅"诞生于 20 世纪 40 年代的香港，至今仍被视为最成功和最

图 2-11　柏林"老友记"餐厅的中国红场景设计

图 2-12　柏林"财神"餐厅的龙凤厅设计

图 2-13　中国深圳餐厅的龙凤厅设计

大众化的快餐厅。西方生活方式，主要是西式饮食，在 40 年代受到许多香港人的推崇。茶餐厅借助西餐与广东地方菜的组合填补了巨大的市场空缺，因为对于普通市民阶层而言，西餐仅见于高档餐厅。因此，为了满足当时香港人的特殊愿望，茶餐厅在这种跨文化框架中发明出了许多著名的"东西合璧"菜品，例如豉油西餐、香港风味的法式烤面包、炒意面、鸳鸯奶茶等。但茶餐厅也逐渐形成了许多广东地方特色饮食，如烧腊、各类海鲜粥、云吞面等。茶餐厅花样繁多且物美价廉的菜品，以及便捷有效的服务使之成为香港工薪阶层生活的重要成分。时至今日，香港的茶餐厅四处可见，是人们熟知的一种餐饮快餐店。茶餐厅在香港餐饮业不仅扮演着重要角色，同时也反映出香港的文化身份特征："快捷，实用，多样，平等"。自20 世纪 80 年代开始，茶餐厅已扩展至中国内陆以及许多西方国家。

虽然大多数在欧洲的粤式餐馆并不叫茶餐厅，但他们却具有许多共同特性。柏林"财神"餐厅的座位排列方式便可与香港茶餐厅典型的长条靠背椅相比。"财神"餐厅采用"背靠背"的座位排列方式，设置背靠背的长条坐凳，最大限度地利用了空间。"老友记"餐馆内所有的四方桌均覆盖一块透明玻璃板，下面压着一份双语菜单。这种节省时间和劳动力的设计方案在香港的茶餐厅非常常见，餐厅特别推荐的应季菜品则贴在墙上。入夜，黄色灯光照亮的老友记餐厅牌匾散发出一种特殊的中国氛围（图 2-14～图 2-16）。

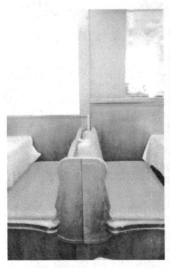  

| 图 2-14 柏林"财神"餐厅 | 图 2-15 柏林"老友记"餐厅的 | 图 2-16 柏林"老友记"餐厅 |
| 的卡座 | 玻璃台面下的菜单 | 中墙面悬挂的推荐菜单 |

对财神的笃信在中国已有非常悠久的历史，时至今日，这种信仰仍然非常普遍。财神的主要功能并不仅仅是直接祈求财富，更多的是信众祈求更好的机会和运气以获取财富。❶ 因此，"财神"餐厅的名称折射出旅德中国侨民的集体心态：为新生活的开始，在国外的继续发展和为更好的未来生活祝以良好的愿望。

但两家中餐厅也体现出对德国当地文化的适应与同化想象。鉴于柏林市中国侨民的工作时间和德国当地人的生活习惯，两家餐厅均不提供早茶，而早茶在中国广州本地的粤式餐厅是不可或缺的一个组成部分。两家餐厅都内置一个吧台，这在中国国内的粤式餐厅内难觅踪迹。此外，这两家餐厅还提供若干德国化菜品，如糖醋烤猪排和 XO 调味汁羊排等。餐厅的所有服务生均身着黑色西服套装。与中国的粤式餐厅相比，这里通过服务生与顾客的接触来增强餐厅与客人的关系，"老友记"餐厅和"财神"餐厅的服务生与客人有着更多的接触与交谈（图 2-17）。

最后，用餐礼仪的差别显著。与西式餐厅的用餐礼仪相比，中国粤式餐厅的特点是"人声鼎沸"，对此西蒙（Simoons）写道："相较而言，中国的餐馆往往是较为喧闹的地方，中国人喜欢声响而不喜欢安静，这种观点反映在中文表示愉快时光的用词中，翻译过来就是热闹。"但在德国以及其他西方国家的中餐厅内却完全是另一番景象，在上述柏林市的这两家餐厅中，中国国内粤式餐馆拥挤的空间和喧闹的环境已被这里安静的氛围所取代。Siumi Maria Tam 对在悉尼"饮茶"的体验做出如下描述："客人和餐馆员工均耳语般轻声讲话；这里没有调羹碰撞饭碗和茶杯的声音，也没有顾客大声呼

图 2-17 柏林"老友记"餐厅内服务员与顾客交谈

---

❶ 刘仲宇. 正逢时运－接财神和市场经济 [M]. 上海辞书出版社，2005.

叫要点心的声音"❶。安静和宽敞的环境表现出德国中餐厅对德国用餐礼仪的适应。

位于柏林市康德大街的"老友记"和"财神"餐厅是两个"忠于自我型"餐厅的范例,是通过原真性建构的设计叙事在德国实现中餐厅的具体尝试。随着跨文化交流的不断增多,德国消费者对中国地方菜的餐饮需求也在不断增长。如今,不仅中国侨民,更有众多德国人成为了这两家粤式餐厅的老顾客。

2.2.4 设计叙事类型研究 2——中国餐厅的"伪假模仿"

德国最为常见的第二种中餐厅类型为中餐厅的"伪假模仿",中国菜以及餐馆建筑风格的伪假模仿。"Travestie"(伪假模仿)这个名词概念以及动词"travestieren"均派生自 17 和 18 世纪法语动词"travestir",以及 16 世纪的意大利语"travestire"。根据词源学,意大利语"travestire"源自拉丁语:"trans(到那边去)"与"vestire(穿衣)"的组合,意为"乔装改扮"。❷在 18 世纪,名词"Travestie"尚停留在文学领域,用于"滑稽的,一般力求讽刺作用的诗作类型"❸。根据格林词典,动词"travestieren"意为"以某种不恰当的形式改写一首诗,一个素材,大多指将某种具有严肃内容的原诗作类型进行恶意讽刺的改写。"❹戏剧表演领域的"Travestie"更多指性别角色的转换。例如在戏剧,歌剧和芭蕾舞剧中,女性舞台角色由穿着女性服装的男性演员扮演,反之亦然。

目前,"Travestie"(伪假模仿)这个概念并不仅仅运用于文学或戏剧表演相关领域,它已延伸至许多其他研究方向,迪特尔·哈森普弗格(Dieter Hassenpflug)教授在其《中国城市密码》一书中以上海周边的卫

---

❶ Siumi Maria Tam.Heunggongyan Forever.Immigrant life and Hong Kong style Yumcha in Australia[M]//David Y.H.Wu u.Sidney C.H.Cheng(Hrsg.).The globalization of Chinese food.Richmond Surrey,2002:141.

❷ Deutsches Wörterbuch von Jacob Grimm und Wilhelm Grimm[M].Leipzig:S.Hirzel,1866:1567.

❸ 德语《格林字典》中关于"Travestie"的释义,第 21 卷,1567 页.

❹ 德语《格林字典》中关于"Travestieren"的释义,第 21 卷,1567 页.

星城市——泰晤士小镇和罗店镇为例，分析了这类中国城市的欧洲化伪假模仿现象，这类现象体现了全球化背景下西方对中国建筑风格和城市规划的不断影响。哈森普弗格在他的书中将这种现象称为"城市构想"（Stadtfiktionen），并将其划分为四种基本类型，其中的第二个类型为——中国新城对欧洲城市外观的歪曲滥用。中国城市的欧洲化伪假模仿，指将中国城市换装为欧洲城市的外衣。它们并不是某个欧洲城市的复制，也不是将原装欧洲城市移植到中国的尝试。这里多指各种不同建筑风格元素的拼贴，旨在合成一幅欧洲城市的画像，与此同时却仍保留中国城市的结构。例如泰晤士小镇是复制了中世纪英国建筑风格的居民区，但其特点是向内封闭而非开放式，邻里间设计了明显的隔离并配装安全基础设施。因此，泰晤士小镇被称作"富有中国想象的英式风格装饰的中国城市。"

许多在德国的中国餐厅也呈现出类似现象。中国餐厅的伪假模仿展现了原真性建构的一种特殊形式。它们原真性建构的设计叙事较少体现在将地道的中国菜和中国饮食文化传输到德国，却更多地表现为中国传统文化的外观的装饰性表达，以迎合德国人对中国的想象。因此，菜品及其配料会更多地迎合德国人口味。中国餐厅的"伪假模仿"类型可被视为一幅舞台布景、服装或包装。❶ 在以下的田野调查研究中，笔者将重点开展对菜品设计、餐厅建筑设计、餐厅室内和装饰元素设计的分析。

位于柏林近郊的霍恩·诺伊多夫（Hohen Neuendorf）的中餐厅"Himmelspagoda（天坛）"是上文所述类型的一个典型案例。与柏林的老友记餐厅相比，天坛中餐厅提供的菜品是否地道并非餐厅关切的核心。一些代表中国的菜品，如米饭、中国蔬菜、点心等被设计在菜单内，创造出一种中国菜的外观形象。但天坛中餐厅的菜品却与中国地方特色菜毫无关系，仅是一种德国化的中餐，即给德国化／西化的中餐穿上了"地道"中餐的外衣，并同时混了泰国菜、日本菜和韩国菜。例如该餐馆的菜单：餐前菜中提供日本寿司，主菜是源自泰国的咖喱鸡浇饭。此外，天坛中餐厅的烹饪方式、食物配料和饮食的表现形式等也深受西式菜及其烹饪技术的强烈影响。该餐厅的一道主菜：芒果条炒鸭肉配鲜橘汁（图2-18）就是一个例

<hr>

❶ Gernot Böhme.Architektur und Atmosphäre[M].München，2006：10.

证，另一个与中餐烹饪方式不同的是，天坛餐厅提供无骨鸭肉，菜单中也不含动物内脏。中餐烹饪鸭肉通常是带骨的，鸭肉被带骨切成小块进行烹制，几乎所有部位均可被食用：鸭舌、鸭脖、鸭掌还有鸭内脏，如鸭肠等，它有时还能做成特色菜，其价格甚至更高。这种偏好与中国人的特殊信仰相关："他们将这盘美味看作是滋补品，它与道教信仰相关并与人的身体融为一体"。最后，饮食仪式也体现出德式口味，例如大多数主菜中的肉与蔬菜分开烹制并上桌，这与中国的混合烹饪风格完全不同。餐饮服务也以德式习惯为主：刀、叉、碟和四方餐巾代替了筷子、饭碗和茶壶，餐桌上覆以桌布和各类餐具（图 2-19）。

"天坛"中餐厅的食材、烹饪、服务、菜品以及用餐礼仪无一不体现出中国餐饮业客居他乡时的当地适应能力。这里表现出了"中国"菜与德国当地习惯的一种平衡，德国顾客与异国饮食文化相遇，却又不必与其固有的饮食习惯相去甚远。但是天坛中餐厅却丢失了许多中国饮食的基本原则，这也是为什么在这个餐厅中罕见中国客人的主要原因。

尽管有许多与中国饮食的不同之处，"天坛"中餐厅仍被众多德国人视为一家"地道的"中国餐馆，其原因在于餐厅对中式建筑风格和室内陈设的建构。该餐厅创造了一个微观的中国环境，以此满足德国人的文化旅游愿望。自 20 世纪 80 年代起，在与业余休闲和度假市场相关的餐饮业中诞生了一种新型的文化形式："在度假和业余休闲领域中，饮食文化表现为对一个国家或地区文化理解的组成部分。除消费层面外，餐饮还具有文化产

图 2-18　柏林"天坛"中餐厅的
"芒果条炒鸭肉配鲜橘汁"

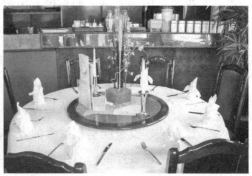

图 2-19　柏林"天坛"中餐厅的
餐桌与餐具

图 2-20　柏林"天坛"中餐厅的主建筑

品的意义，并因此而成为教育和文化旅游业增长趋势的一个部分。"❶

　　在外国特色餐厅的"餐饮体验"是文化旅游这一现象的主要存在形式。在德国的众多中餐厅中，"天坛"堪称餐饮体验的极致代表，因其不仅重视餐厅室内设计，在餐厅的完整规划和总体建筑设计方面也颇具匠心。"天坛"中餐厅开办于2002年，是该品牌在柏林的三家连锁餐厅之一。❷ "天坛"中餐厅是一家附带餐饮的中国主题公园。顾客从远处便能看到餐厅那气势恢宏的建筑：一座金色的中式圆塔（图2-20）。走进餐厅，映入眼帘的是一幢雄伟的三层塔式建筑，这栋建筑占地约 14,000 平方米，高度达 25 米。餐厅建筑规划围绕一根中轴线展开，入口是一条宽敞的主街，两个池塘和草地从两侧环绕着主入口大街，大街尽头耸立着餐厅的主楼。中轴线使周边

❶ Jörg Maier u.Gabi Troeger-Weiss：Kulinarische Fremdenverkehrs- und Freizeitkultur. Freizeittrends und Lebensstile in der Bundesrepublik Deutschland[M]//Alois Wierlacher u.a.（Hrsg.）.Ansichten und Problemfelder.Berlin：Kulturthema Essen 1993：232.

❷ 其他两个分店：Kaiserpagode 和 Silverpagoda 分别位于柏林的 Stahnsdorf 和 KAD DE 购物中心的 6 楼，餐厅投资人为来自于浙江青田的 Wengui Ye（青田县位于浙江省丽水市，是中国著名的"华侨之乡"。）

图2-21 柏林"天坛"中餐厅的主入口

图2-22 柏林"天坛"中餐厅的室内一角

环境继续延伸，同时又使圆塔显得更为高大壮观。两座大石狮雕塑矗立在圆塔入口两侧，烘托出中国宫殿的气势。顾客必须沿着长长的主街一路走入，登上高高的圆塔阶梯，最终见到餐厅的主入口。这段长路（从主街至餐馆入口）两旁装点着"中国"园林艺术，这条路是顾客从现实生活走进中式宫殿的一种过渡（图2-21）。

进入餐厅主入口后，红、绿和黄主色调进一步延续着色彩斑斓的氛围，这些色调都是当时清朝皇宫的用色（图2-22）。餐厅内摆放着各式从中国进口的传统物品，如：花瓶、漆器家具、雕塑等。一盏巨大的金色水晶吊灯悬挂在门厅三层高的天花板上。餐厅的三层楼共分布着400多个座位（图2-23）。客人们餐后可在户外露台或池塘边散步。如今，天坛中餐厅已然成为了霍恩·诺伊多夫的地标性建筑，餐厅的总价值约为六百五十万欧元。

中国的世界文化遗产——北京天坛的祈年殿被视为"天坛"中餐厅的蓝本。第一眼望去，这个餐厅仿佛就是其蓝本的复制品。整个餐厅建筑矗立在一个圆形平台上，三层弧形的飞檐下可见传统中国画。但"天坛"中餐厅的建筑风格并非单纯模仿它的历史蓝本，而是一个立面建筑物，换言之，是各种不同外观风格元素在这里合成为一个虚构的古代中国建筑物，其并无原始蓝本的功能和结构、材料和象征意义。因此，天坛中餐厅的建筑和室内设计

图 2-23　柏林"天坛"中餐厅的室内设计与陈设

仅可称为一个包装外衣，或是一个"美学经济"产品，它的一切均为消费者服务。

　　"天坛"中餐厅的建筑设计与其蓝本的根本区别在于其功能。祈年殿是天坛最重要的建筑（图 2-24）。该宫殿建于明朝，并于清朝改建。祈年殿是明清皇帝向天神祈求收成的地方。天坛建筑物的所有部分均属于礼仪性建筑，"礼"❶作为一种系统指导被渗透在所有建筑细节中。例如按照礼制的原则，天坛建筑群建在北京城外的南方，因为天属"阳"，而"阳"据说位于南方。❷天坛建筑群的平面图整体显示为一个正方形。位于北面的两个角为圆角，而位于南面的两个角却呈直角。这种形状乃遵循传统的中国哲学理

---

❶ "礼"是社会行为的统一准则和规范。楼西庆.中国古代建筑 [M].北京：商务印书馆，1997.104.

❷ 楼西庆：中国古建筑二十讲，北京，2004 年.根据阴阳原理，天属于阳（在南方），地属于阴（在北方）。因此，阳（祭天）和阴（祭地）对应南方和北方。此外，《礼记》中记载，祭天应在复活节举行，祭月应在西方举行。每个方向都对应的位置，以实现宇宙的和谐。

图 2-24　北京祈年殿

论：天圆地方。❶ 祈年殿中的 28 根红色木柱不仅具有建筑结构的功能，还具有象征意义。所有的木柱均按圆形排列；内环有 4 根木柱，它们支撑上层屋顶，并寓意一年的四季。中部 12 根木柱支撑第二层屋顶，象征着一年的十二个月。最外环同样有 12 根木柱支撑第三层屋顶，表示十二个"时辰"。此外，中间和外部的 24 根木柱也象征中国的二十四节气。天坛中餐厅的结构元素与之类似，如设计了同样在所有三层楼面圆形排列的大立柱，但显然没有上述的象征意义。

　　天坛中餐厅与其蓝本之间的第二个区别在于材料和结构。祈年殿的建筑结构具有清朝时期中国传统建筑艺术的特征。传统中国建筑的基本特点基于建材的选用，由于使用木材，需按照中国建筑的模块化体系采用特殊的结构规则。❷"梁架"是一种框架结构，起着传统中国建筑主体框架的功能。❸ 因此，传统中国建筑的材料、结构以及最终表现形式均是相互关联的，

---

❶ Changjian Guo（Hrsg.）.World heritage sites in China[M].Beijing 2003：176.

❷ 梁思成 . 中国建筑史 [M]. 天津：百花文艺出版社，1998：13.

❸ Sicheng Liang.Chinese architecture.Art and artifacts[M].Beijing 2011：7.

图 2-25　柏林"天坛"中餐厅的主楼斗拱

祈年殿的外观造型也显示出木质结构的建造特点与结果。由于现代建材采用混凝土,"天坛"中餐厅的建筑物形状需按相应的商业要求进行改变:"它比其蓝本更小、更厚",餐厅业主叶先生在采访时说道。因此,"天坛"中餐厅建筑物从基本建造原则上有别于传统的中国建筑物。

此外,为了强调"天坛"中餐厅的中国"原真性",建筑物上设计了许多"斗拱"(图 2-25)。"斗拱"是中国建筑物的一种重要且典型的木制内置构件,其功能是平衡垂直与水平构件之间节点的剪切应力。在传统建筑专著《营造法式》一书中有记载,斗拱的宽度被视为整个建筑物的模数,因此,斗拱是古代中国建筑结构的重要形式和关键。尽管斗拱在古代中国建筑中也承担部分装饰作用,但它作为结构构件的基本功能不容忽视。天坛中餐厅建筑的"斗拱"已降格为表面的美学立面,与其原始功能相去甚远。

另一个类似现象还体现在餐厅的色彩设计方面。根据传统礼制,宫廷建筑物的所有用色和装饰均必须严格遵守等级制度。蓝色上釉的屋顶琉璃瓦代表天空。根据清朝年间宫廷规制,建筑物的着色样本分为暖红色和冷青色。祈年殿的色彩设计由三层蓝屋顶,红色和青色立面(以及内部建筑),白色大理石的白色高栏杆和平台组成。而"天坛"中餐厅的建筑物主色调由金色屋顶砖构成，出于成本的考量，餐馆所有的栏杆均用花岗石制造并涂上浅黄和浅红色，与平台和建筑物形成反差，营造出清朝建筑物的传统特征。

最后，"天坛"中餐厅的建造项目表现出一种跨文化现象。餐馆的许多细节设施直接从中国进口：金色砖、石狮雕塑、楼梯栏杆、用于立柱和各种家具的大理石和花岗岩，此举一方面为节约成本，另一方面为强调这家古代中国主题公园的"原真性"中国形象。但围绕着主建筑的公园广场则采用德国本地建材，餐厅的公园区域铺设了约 4100m² 的网格形草皮和正方形路面石块。此外，参与建筑设计和施工的除了餐厅业主叶先生之外，还有德国建筑师克里斯蒂安·雷博科（Christian Rehbock）。

2.2.5 设计叙事类型研究 3——从"香港吧"到"新式"中餐厅

根据笔者的田野调查发现，近年来以柏林市中餐厅为代表的德国中餐业涌现出一批"新式"中餐厅，它们大多数拥有跨文化的中德经营管理团队，在餐厅设计上纷纷有意识地告别了自二战后形成的标准化"中国风"形象，他们尝试将中国文化元素进行设计重构，并与德国新一代消费者的文化生活需求相结合。这种设计建构方式并不是新鲜事，早在 20 世纪 50 年代的德国，这个设计概念就已在德国的西柏林实现了。

（1）柏林"香港吧"

1953 年，旅居德国的中国籍建筑师李承宽承接了柏林"香港吧"的室内设计工作。20 世纪 50 年代中期，西柏林在冷战期间着力打造一种自由、现代和开放的世界形象。在此背景下，"香港吧"的设计和经营理念主要面向国际化的、思想开放的德国本地消费者。因此，李承宽尝试将中国传统园林建筑的设计思想与现代设计风格相结合。

"香港吧"的室内设计采用传统中国园林风格，将自然移植入室。其内部空间采用典型的传统月门进行分隔，空间的边界被墙上不规则形状的窗户所打破。月门和漏窗的借景功能，将餐厅的内外空间连接起来，并形成新的景观。经典中式园林建筑中的空间分隔与连接，在香港酒吧的室内设

计中以现代设计的形式进行
了重构（图 2-26）❶。

图 2-26　柏林"香港吧"的室内设计

最后，材料和形状的设
计叙事为增强空间氛围做出
了贡献。Yu-Dembsk 对"香
港吧"的室内设计做出如下
描述："嵌入天花板的石材以
柔和的光线照亮了房间，木
质片状元素营造出云彩在风
中飘逸的幻觉。花瓣形状的墙灯与墙上几何图形构成直接对比。有意者可
在小小的舞池里伴随着精美的爵士音乐跳舞，或只在吧台畅饮，来自香港
的 Mary Lou 在吧台为客人们服务。"现代的钢管家具与绘有自然图案装饰
的地毯形成鲜明对比，进一步加强了空间氛围，并与其他设计细节共同营
造出一个现代的"中国"形象。"香港吧"在当时获得了巨大成功，是许多
西柏林名人和政要等社会名流的聚会场所。

李承宽对"香港吧"的室内设计思想可追溯至 1941 年，他与德国建筑
设计师友人们在德国成立的一个研究组织——"中国艺工联盟"（见 1.2.4）。
中国传统文化及其内涵在这一研究组织内部得到了批判性的继承和创新发
展，以求达到使中国文化对参与"人类共同的跨文化发展"做出积极贡献
之目的。而"香港吧"的室内设计中，便展示了李承宽尝试将中国传统建
筑文化与西方现代主义设计建立联系的一种初步探索。

（2）柏林"长征食堂"

开办于 2012 年的柏林"长征食堂"可以与"香港吧"看齐，两者都打
破了中餐厅设计叙事的常见俗套，如糖醋菜品、红灯笼或雕龙立柱等，体
现出"新式"中餐厅的设计建构形式。餐厅的品牌概念、室内设计和菜品
设计灵感均来源于传统中国历史文化，但通过设计创新，形成了一种旨在

---

❶ 刘敦桢 . 苏州古典园林 [M]. 北京：中国建筑工业出版社，2005.41.

适应当今跨文化社会背景的
全新"中国"形象。柏林设
计团队"Ett la benn"❶负责了
"长征食堂"中餐厅的规划、
设计和建造工作。

图 2-27 柏林"长征食堂"中餐厅
建筑立面的中英文餐厅名称

"长征食堂"并未建在
柏林市中餐馆重要中心的著
名康德大街上，而是建在柏
林克洛茨贝格区不引人注意
的弗朗格大街居民区。由于
餐厅的营业时间（19 点至次日 2 点）、不显眼的位置、缺失的雕龙立柱和
入口石狮雕塑，人们从餐厅的外立面似乎无法辨认出这是一家中餐厅。建
筑立面上的无衬线中英文餐厅名称，在淡红色的灯光下散发出微光（图
2-27）。

餐厅的名称"长征食堂"反映出品牌的核心概念，其是整个餐厅规划
与设计的基础。这里未采用中国历史朝代的叙事，取而代之的是两个源于
近代的历史元素："长征"和"食堂"。长征是中国共产党发展的一段重要历
史，红军长征因美国记者埃德加·斯诺的《红星照耀着中国》一书而举世
闻名。餐厅的名称采用这些历史事件以吸引德国年轻一代消费者。长征的
生命力在于是一群目标坚定的年轻人的传奇，他们敢于与困难斗争，并战
胜困难。因此从这个意义而言，长征不仅是中国共产党的历史和中国人的
精神遗产，在国际上也是一段传奇，它意味着只要有意志和恒心，任何人
都能最终达成目标。

"食堂"一词在这里涉及到 20 世纪 50 年代中国人民公社的集体供给单
位。人民公社是中国计划经济体系农业集体化的一种形式。1958—1961 年
间全中国在人民公社内共建立了逾三百万个食堂，约 5 亿农民在集体食堂

---

❶ "Ett la benn"是一个来自柏林的设计团队，专攻饮食领域的设计和策略，包括：食
物和室内设计、服务设计、视觉传达和品牌设计、商业计划等。"Ett la benn"的大
部分作品都是新式中餐厅或亚洲餐厅的设计，如：Toca Rouge（柏林，2010）；Good
Time（柏林，2013 年）、Glory Duck（柏林，2013 年）等。

吃饭。

虽然实验性政策"人民公社"最终被取消，并也成为中国人的集体记忆。餐厅名称中的"长征"和"食堂"概念传达给德国年轻一代消费者关于中国当年可供回忆并参考的生活方式景象（图2-28）。

图 2-28　广东省普宁市模仿
人民公社食堂的餐厅室内设计

"长征食堂"是一个餐厅与咖啡厅的组合体，这从它的营业时间可以看出这个特点。该餐厅的主要访客是年轻一代（35岁以下）消费群。因此，营造一种时尚和自由的氛围是非常重要的。为此，餐馆的室内设计中融入了三种元素：灯光效果、位于餐厅中央的蒸汽站和代表中国农民劳作的图像。灯光的设计在营造餐厅氛围方面扮演着极为重要的角色。在灯光暗淡的入口处，引人注目的是墙壁上安装的餐厅名称形状的蓝色霓虹灯，耳边传来的是内厅的喧闹音乐，一种中国夜市的热闹喧嚣氛围迎面而来（图2-29、图2-30）。

图 2-29　柏林"长征食堂"中餐厅
过道的霓虹灯设计

图 2-30　武汉保成夜市

走进入口是进入内厅前的长过道，透过过道两侧半透明的竹席和木格栅，顾客能隐约窥见餐厅内部，从而唤起对内室的好奇心。光束和高声的音乐使得灯光暗淡的餐厅生气勃勃，这与德国大部分中餐厅内明亮和静谧的氛围截然不同的是，"长征食堂"的室内只有微弱散射的灯光和天花板上肉眼几乎难见的高级玻璃纤维灯。灯光设计使室内保持暗淡

图2-31 中国常见的路边早点摊

并使房间之间的界线消失。玻璃灯和少数聚光灯用作氛围元素，用以强调这个空间内需要被重要关注的"中国"文化元素，如朴素的食堂桌面、中央蒸汽站和若干墙面装饰。

"蒸"这一中国传统的烹饪艺术被作为建构到室内设计中：餐厅中央伫立着一个蒸汽站，一束带有红色灯光的水雾从蒸汽站内升腾而起。这个蒸汽站既具有蒸食物的厨房功能，也是餐厅气氛的中心点。"蒸"是中国的传统烹制技术，在密闭的笼屉中，水蒸气将生米煮成熟饭，同时却保留着营养物质的自然味道。为了这种特殊的烹制技术，中国人还发明了与之匹配的烹制器皿，例如商朝的蒸制器皿"甗"（陶瓷或青铜材质），如今的蒸制器皿大多采用竹笼屉或金属笼屉（图2-31）。"长征食堂"餐厅的中央蒸汽站被设计为一个开放式的餐厅厨房，厨师在厨房内制备点心，然后在中央蒸汽站蒸制，之后由服务员送给客人们享用。蒸汽站台面上堆叠起来的竹笼屉和竹笼屉上书写的汉字也对中国的"原真性"氛围做出了贡献。升起的蒸汽水雾在红色霓虹灯光的照射和喧闹的背景音乐衬托下，营造出一种中国夏夜热闹喧嚣露天大排档的生动自由氛围（图2-32）。

此外，餐厅室内设计中置入了质朴的、并排连接的黑木餐桌和长条凳，既节省了室内空间，也营造出一种公社食堂的分享式氛围。墙壁上的宣传海报进一步烘托出农业丰收所带来的欢快氛围。墙上可见典型的农村劳动

妇女形象和少先队员形象。餐桌和条凳相互连接着,排成三列,一方面节约空间,另一方面可为客人制造出一种集体参与的氛围(图2-33)。这里毫无疑问地使德国年轻一代消费者体验到他们自己没有亲身经历过的年代。

在服务方面,"长征食堂"提供苏杭地方饮食和小分量精致的餐饮服务,这区别于大多数德式中餐厅提供大分量自助餐的服务理念。餐厅在这里,提供的小份食物味道可口,许多地道的地方菜肴也以小份供给,如软猪肚配嫩芦笋,荷叶包裹的糯米和皮蛋(图2-34)。此外,还有许多创新菜品,如在中国国内罕见的,用巧克力、肉桂、可可和波旁香草调味汁做配料的巧克力汤包。少而精致的新式美食体验可以让顾客品尝到更多的菜品,拉近德国人与中国饮食文化的距离。

最后,"长征食堂"餐厅的成功可归功于全面的企业形象设计:餐厅名称、室内装饰、菜品设计、服务生服装、互联网主页和品牌宣传片设计等。

图 2-32 柏林"长征食堂"中餐厅内的
红色霓虹灯蒸气站

图 2-33 柏林"长征食堂"中餐厅的
室内设计

图 2-34 柏林"长征食堂"中餐厅的菜品

此外还有跨文化的管理，德国业主阿克塞尔·布巴赫（Axel Burbacher）和中国业主 Guan Guanfeng，人称阿峰，他们总是作为一个团队出现在媒体面前。

以"长征食堂"为代表的德国"新式"中餐厅，将代表中国的饮食文化传统在跨地方语境下进行重新诠释，并通过设计叙事建构起属于自己的品牌特色。研究人员在田野调查中发现，此类新式中餐厅在德国的数量呈上升趋势，消费者人群也趋于年轻化。例如开办在汉堡市圣保利中心地带的中餐馆 Copper House，其将现场与现代自由的港口城市气氛相结合。花样繁多的新鲜配料——主要是海鲜和蔬菜，就在客人眼前备料并被烹饪，以此设计出一种全新的消费体验（图 2-35）。类似现象也出现在杜塞尔多夫市的中餐厅"Böse Chinesen"。该餐厅以菜品和面条制作过程的表演艺术而著名（图 2-36）。

图 2-35　汉堡市"Copper House"中餐厅的开放式展示厨房

德国近年来出现的"新式"中餐厅，是设计师在跨文化发展不断深入背景下的新尝试，其也折射出年轻一代中餐厅经营者和中国侨民对中国饮食文化的全新理解，以及中国饮食文化在德国持续本土化的转型过程。但与此同时，设计师在进行中餐厅设计实践时仍应警惕，避免形成新的程式化"中国"形象，而应不断基于德国本地的文化生活新发展，在设计创作过程中建构出更强有力的中国（饮食）文化新叙事形态。正如餐厅业主阿峰在论及中餐厅行业在德国的未来时所述："我希望业者们都找到自己的'餐厅'方案。"

图 2-36　杜塞尔多夫市"Böser Chinese"中餐厅

柏林 "Peking-Ente" 中餐厅

第 3 章

区域文化 VS 全球化——以楚文化为例
的区域饮食文化与设计叙事研究

3.1

楚文化——作为一种非固定的传统存在

楚文化一千多年的发展折射出南方区域文化和中原文化的融合过程，因此，楚文化并非一种固定的传统存在，而是随着英国的疆域变化、民族融合，文化交流在不同的历史时期内呈现出动态发展的文化状态。以下笔者将从"传统发明"的动态视角，分析楚国的历史、文化、饮食文化。

3.1.1 历史中的楚国

作为一个独立的政治实体，楚国建立于周朝早期（约公元前 1000 年）。建国后楚文化作为一个民族文化整体逐渐形成，并随着楚国疆域的扩展逐步传播。本章节将首先以政治视角研究楚文化。

楚国曾是周朝时中国南部的一个诸侯国。周朝存在于公元前 1046—公元前 256 年。❶ 公元前约 722 年，周朝王室已名存实亡，中国也因此被分裂成各个诸侯国，从此陷入长达约 500 年的战争之中。这一时期在中国历史中被称为春秋和战国时期❷。公元前 221 年，西部诸侯国秦国征服了所有其他诸侯国，建立了统一的秦朝。

"楚"，又称"荆楚"，这个当时中国南部的诸侯国扮演着极为重要的历史角色，并曾是属于这个历史时期的最重要政权之一。"楚族"诞生于新石器时代晚期的长江中游，楚国作为一个独立的政治实体出现在周朝早期。春秋中期（约公元前 600 年），楚国的疆域向长江南北两面扩展。至战国时期，中国的政治版图由七个强大的诸侯国分而治之。除北方诸侯国魏、赵、齐、燕与西部的诸侯国秦之外，位于南方的楚国属于这个时期最强的诸侯国之一。据估计，楚国居民约五百万人（占战国时期全中国人口约 1/4），其领土范围约两百万平方公里，位于中国南部和长江中游，包括今天的湖北省、湖南省和重庆市，及河南省、江西省、江苏省、浙江省、贵州省和

---

❶ 李伯钦（编）. 中国通史 [M]. 沈阳：万卷出版公司，2009.

❷ Kai Vogelsang.Geschichte Chinas[M].Leipzig，2012：6，97.

广东省等省的部分地区。尽管楚国领土遍及多个省份，但由于其开放政策，楚国内各种不同文化得以共存。因此，楚国被称为"中国南方各民族的一体化中心"❶。

3.1.2 发展中的楚文化

以下将概述楚文化的发展及其在春秋战国时期历史背景下（约公元前722—公元前 221 年）的地域特点。这一时期各诸侯国之间频繁的战争导致楚国领土边界持续变化，并与国内各种不同民族进行融合，从而使楚文化具有丰富的多面性。由于学术界至今并未对楚文化进行精确定义，笔者将主要研究代表楚文化个性的典型特征。此外，通过与中国同时期的其他地域文化进行比较分析，再次突出楚文化在战国晚期的地域特点。上述对本论文的实践部分具有重要意义。

楚文化是按照国家名称命名的，属于中国春秋战国时期的一支地域文化。楚文化的渊源可追溯至新石器时代晚期黄河中下游的某个北方民族，他们出于政治原因而南迁，并定居于长江中游。自此，这个介于北方中原文化与南方本地文化之间的民族在长江南部地区发展壮大。

楚文化在楚国于周朝早期的建国初期便表现出一种独立的特性。但楚文化在初期尚显稚嫩，其特性亦未完全成形。考古发现楚国早期青铜器大部分以周朝风格为主。此外，长江周边各种南方原始土著文明也对楚文化产生了一定影响。

在楚文化诞生的同时，中国存在一个北方文化圈，即当时先进的中原文化，还有位于长江流域的许多南方本土文化。直至今日，中原❷（又称中国中部平原）文化仍被视为中国文化的发源地，它位于新石器时期黄河的中下游地区。周朝王室继承了中原文化，其在当时被视为一种高级的、官方的和正统的文化，与之相对的是位于长江南边许多南方本地的，所谓"未开化"的文化，如西南部的"巴"和"蜀"文化（巴蜀位于今日的四川

---

❶ 萧兵. 楚辞文化 [M]. 北京：中国社会科学出版社，1990.

❷ 这里的中原一词指黄河中下游的平原和今天的河南省区域。中原地区曾是中国的政治、经济和文化中心。

盆地），东南部的“越”文化（这个地区所有民族的总称又称百越）和楚文化。青铜器时代晚期，周朝王室的衰落一方面导致了政治和社会秩序的动乱，以及各诸侯国之间连年不断的战争，另一方面又成为各种地方多样性发展的黄金时期，这段时期的物质层面（例如艺术和商业），以及非物质层面（例如哲学：中国历史的“诸子百家”❶时期），形成了百花齐放，百家争鸣之态。

　　楚文化的发展延续了数百年。伴随着楚国领土的扩张，楚文化在春秋时期（公元前770年—公元前476年）逐步迎来一个繁盛时期。❷楚人在定居地不断扩张期间，掌握了先进北方中原文化，同时也接受了南方原住民的部分文化。通过多种不同文化的融合，楚文化开始具备独立的地方文化特征。战国时期极具楚文化特点的艺术创作，如彩色漆器和文学作品等，都包含了强烈的神话内容和自然崇拜，楚国疆域内布满森林和漆树，这种地域环境为楚文化漆器工艺的繁荣做出了贡献。

　　楚艺术逐渐发展出轻盈、灵动且抽象的形式，体现出对生命自由的渴望。日用漆器和纺织品上精细且富有韵律的线条和各类灵动抽象的图案均是范例（图3-1～图3-3）。

在屈原（楚国诗人，约公元前340—公元前278年）的诗歌《离骚》中也表现出神游的场景。“神游”思想折射出楚国知识分子对人、生命和宇宙的认识和理解。屈原的诗《天问》即是这方面的例证。该诗由170多个问题组成，探究了宇宙和历

图3-1　楚国漆器“耳杯”碗，荆州博物馆藏

---

❶ “百家争鸣”一词指的是春秋战国时期（公元前722-221年）的各种中国哲学流派和思想流派，如儒家、道家、墨家、逻辑主义、法家，为今天的中国文化奠定了基石。

❷ 公元前503年。楚昭王迁都“郢”。它位于今天的湖北省荆州市荆州区纪南镇南部（原属江陵县），靠近长江中游。“郢”城的出现标志着楚文化鼎盛时期的开始。关于楚的历史记载了若干个“郢”城，今天“郢”城的主要区域被称为“纪南城”。

史事件以及古代神话背后的深意。日常所用的漆器上也绘有象征宇宙的图案（图3-4）。

除上述的区域特点外，由于战争年代的民族融合发展，楚文化还受到了北方周朝的儒家礼制影响，例如用餐礼仪、音乐仪式等。笔者将在下一小节中分析楚文化中的饮食部分。

至战国晚期，楚文化的影响范围已遍及整个中国南方，并构成了中国文化的另一个主要支柱，它不同于中国北部官方的中原文化，并与之形成竞争态势。公元前223年，位于西北的秦国战胜楚国，楚文化开始融入秦文化，并在汉朝时期转换成为汉文化。马王堆汉墓（位于今日的湖南省长沙市）中大量出土的西汉早期文物，反映出楚文化的传承历史痕迹。"这种现象表明，楚文化存在了约1000年，即便肩负楚文化传播重任的楚国没落之后，楚文化仍继续留存于世几个世纪。"之后，楚文化作为中国南方文化的代表，最终融入中国北方文化，共同构成了中国文化的重要组成部分。

图3-2　彩绘变形凤鸟纹漆盘

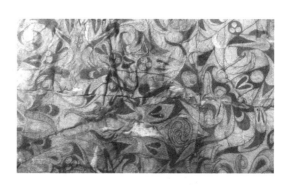

图3-3　楚时期纺织品，荆州博物馆藏

图3-4　楚国漆衣箱，湖北省博物馆藏

3.2

建构主义视野下的楚饮食文化研究

借助20世纪下半叶的大量考古新发现，楚文化的研究得以进一步深入。大量位于今天安徽和湖南省的楚墓于20世纪40年代和50年代得到发掘，它们构成了楚文化研究的历史基础。从60年代至80年代，在今天的湖北省发现了大量的楚遗址和楚墓，其中对楚国当时首府"纪南城"的发现非常重要的，自此关于楚文化的研究得以系统展现。

文化被定义为不同的习俗以及一个地区内一群人的传统，运用这一文化概念可以将文化划分为文物、社会习俗、宗教、民间故事、集体记忆、艺术遗产传承等❶。文化分类研究可以帮助设计师界定文化的范围，在开展文化创意类设计研究与实践过程中，帮助归纳理解文化特征及其意义。❷"楚文化是一个研究领域，它有两个相互连接的层面：考古学的楚文化，主要是一种物质文化（楚国文物），和历史学的楚文化（物质与精神文化的统一体）。根据现有物质（文物）可将楚文化划分为六个范围：青铜器；丝绸和刺绣等纺织艺术；漆器艺术；老庄哲学；屈原诗集和庄子散文；艺术、音乐和舞蹈。"❸

在以下的研究中，笔者对古楚饮食文化进行了两方面的文化分类，重点包括"文物与社会习俗"两方面的研究。饮食的物质层面（如：饮食、饮食器皿及其所属的家具类文物）；与此相关的非物质层面（如：饮食仪式、音乐和舞蹈等社会习俗）。文物能集中体现地方特有的历史与文化，可被归纳为文化的代表性符号；社会习俗体现了同一文化群体的行为活动，是古楚生活方式的重要象征。这两个方面同时折射出楚文化的精神观念，它们与本研究的设计实践部分"跨文化背景下新楚式餐桌文化的设计叙事"有

---

❶ Wang Y H.Involving Cultural Sensitivity in the Design Process：A Design Toolkit for Chinese Cultural Products[J].International Journal of Art & Design Education，2020，39（3）：565-584.

❷ 徐启贤，荣泰.文化产品设计程序[J].设计学报，2011，16（4）：1-18.

❸ 张正明.楚文化史[M].上海：上海人民出版社，1987.

着重要联系。楚文化中重要的文学，楚辞以及一些重要的饮食类文物（在当今湖北，湖南，安徽和河南等省博物馆展出的餐具、家具、建筑描述等），均在下文中详加解释。此外，楚文化的发展也折射出区域文化的融合过程，因此本部分对楚饮食文化中的"文物与社会习俗"的分析，被视为动态发展的、在社会文化互动中形成的结果。

3.2.1 楚国的宫廷饮食

《楚辞》一书的《招魂》和《大招》两个章节详细地描述了楚国时期的宫廷饮食。《楚辞》是楚国诗/歌词的一个汇编，据估计产生于公元前300年—前150年间。"楚辞"这一名称具有三个含义：其本义为楚地的歌辞，后指中国南方楚国在战国时期（公元前476年—前221年）末期直至西汉时期（公元前206—公元8年）的一种新型诗歌体裁，后人将这种新体裁写的诗最终汇编成《楚辞》。《楚辞》诗集中的诗采用方言和楚国地区的曲调，用于描述楚国当地的国土和人民、历史和神话。因此，楚辞具有浓郁的地域特色。❶ 除中国北方的《诗经》外，楚辞属于中国最古老的诗集。

《楚辞》诗集中的《招魂》和《大招》两节体现出了楚国贵族阶层的饮食、用餐礼仪、宴会、住宅（建筑和内部装修）及娱乐项目等。

根据两诗的描述可以确定，诗内对食物的汇集反映出一个富足的楚国宫廷。下文笔者摘录《招魂》一诗中对食物的描述：

"魂兮归来！何远为些。

室家遂宗，食多方些。

稻粢穱麦，挐黄粱些。

大苦咸酸，辛甘行些。

肥牛之腱，臑若芳些。

和酸若苦，陈吴羹些。

胹鳖炮羔，有柘浆些。

鹄酸臇凫，煎鸿鸧些。

---

❶ 梅桐生. 楚辞入门 [M]. 贵阳：贵州人民出版社，1991.

露鸡臛蠵，厉而不爽些。

粔籹蜜饵，有餦餭些。

瑶浆蜜勺，实羽觞些。

挫糟冻饮，酎清凉些。

华酌既陈，有琼浆些。"

根据这段描述，首先可以窥见楚国时期的饮食结构：各种不同的谷物（大米、高粱、小麦及小米），菜（各种不同的肉菜，如牛肉、乌龟、山羊、鹅、鸭和鸡，配以丰富多样的配料种类）和酒（加蜂蜜调制的葡萄酒和冰镇的各种酒类）。此外，用米粉烘烤的蜂蜜点心和麦芽糖作餐后甜点。在诗《大招》中也对蔬菜做了描述。楚国时期的饮食结构建立在饮食体系基础上，这套体系在现今的中国仍然延续。饮食由"饮（喝）"与"食（吃）"组成。饮的意思是喝下液体的物品，如水、葡萄酒和白酒等。"食"一词包含饭（谷物）和菜（肉食和蔬菜）。张光直先生曾论述道："中国人饮食方式的结构本质从周朝至今并无大变化"。尽管楚国的烹饪风格不同于春秋战国时期的其他诸侯国，但其按照饮食体系建立的基本饮食结构仍与别国相同。

第二，两诗中均划分出宴会时的菜品序列：谷物是主食。对谷物的偏爱与中原文化圈的菜品序列完全相同：饭（谷物），膳（肉类和蔬菜），馐（餐后甜点，由谷物制成），饮（喝）。❶这也同样反映了饭（谷物，饮食的基础）与膳（肉类/蔬菜，其功能是补充，使饭更容易和更舒适地下咽）的区别。"饭-膳"对比也因此对使用各种不同形状和材料的饮食器皿产生了影响，下一节中笔者将对此进行深入分析。

值得一提的是，诗《招魂》和《大招》主要描述了楚文化中贵族阶层的饮食，其中还描述了多种即便贵族阶层也负担不起的稀有动物。由于这个地域当时的水资源丰富，因此除了谷物外，许多不同种类的鱼和水生植物在当时也供楚人食用。

---

❶ 杨天宇.礼记译注（上、下）[M].上海：上海古籍出版社，2004.《礼记·内则》在记述中原饮食结构时，也以"饭、膳、羞、饮"为次序.

3.2.2 楚宫廷的饮食器皿与家具

在中国古代，人们曾长期采用地垫进行跪坐。直到北宋时期椅子才开始进入日常生活。楚国时期的用餐礼仪仍为跪坐，并体现出严格的周朝礼制体系。"礼"是当时从祭祀到日常生活的所有行为方式的准则和思想总和。**❶**

宴会前，首先在地板上铺"筵（铺满整个房间的垫子）"，然后在筵上铺"席（单人或多人的坐垫）"。进入用餐房间之前，所有客人必须先脱鞋，进入房间后，屈膝跪在坐垫上并坐在自己的脚跟上，即跪坐。坐垫必须按照客人的身份等级正确摆放。例如主人和最年长者应分配单独的坐垫席位，该席位要与其在宴会以及社会地位相符。因此，中文的"主席"一词（最重要的席位/坐垫）在今天仍用来代表国家最高领导人或一个企业的总裁，而酒席（酒和席位）意指宴会。**❷**

（1）家具

席位的用餐礼仪极大影响了饮食家具的设计。楚国时期最常见的用餐家具是食案和凭几。食案的功能是餐桌，上面需摆放所有的餐饮用具，因此食案的造型应较为低矮以适应低矮的跪坐姿态。周朝时，食物会单独提供给独坐的每个人，因此，食案是用于单人的家具。而今天的中国饮食习惯则与之相反：大家围坐在一张大餐桌上用餐。

大部分的食案由木材制成，刷上红黑色油漆。战国时期的楚国漆食案是独具特色的范例（图3-5）。黑红漆以及凤云纹装饰纹样是楚艺术的典型特点。桌板的内部沟槽用于稳定餐具的摆放。除食案外，还有用于书写的书案和用于献祭的俎案（图3-6）。家具"凭几"非常窄小，其功能是食案的一种辅助家具。"凭几"常摆放在食案旁，用于支撑坐垫上的人（图3-7）。

此外，楚国时期还有一种青铜制成的特殊饮食类家具"禁"。"禁"属于案的一种，祭祀或宴会时，禁只用于摆放酒水饮具。"禁"这个词在词源学意义上指禁止和阻止。因此，禁的功能不仅是一种用餐家具，也代表着一种节制，即作为防止过度饮酒的警告标记（图3-8）。**❸**

---

❶ Ruiping Fan.Reconstructionist Confucianism：Rethinking Morality After the West[M]. Dordrecht，2010：171.

❷ 雅瑟，青萍.中华词源 [M].北京：新世界出版社，2011.

❸ 姚伟钧，张志云.楚国饮食与服饰研究 [M].武汉：湖北教育出版社，2012.

图3-5　楚国食案漆器，荆州博物馆藏

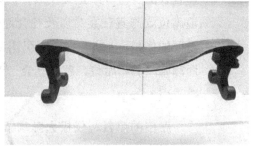

图3-6　战国时期彩色楚国俎案，
　　　　湖北省博物馆藏

图3-7　楚国"凭几"，荆州博物馆藏

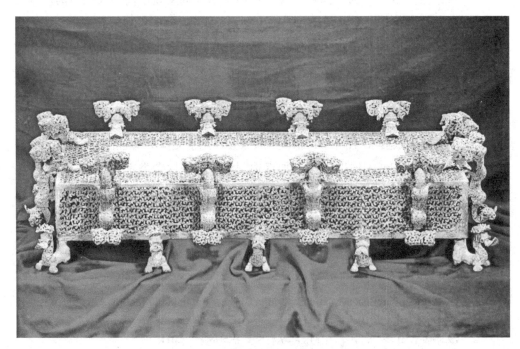

图3-8　楚国云纹铜禁，河南博物院藏

（2）饮食器皿

楚国时期的餐饮器皿可划分为两种：青铜器和漆器。周朝传统仪式中用青铜器作为权力和权位的象征符号，这在楚文化中得到传承。❶根据青铜器的不同功能可将它们细分为不同的类型："鼎"（一种肉类菜品的烹饪和饮食器皿），"鬲"（谷物烹饪用器皿），"簋"（一种谷物饮食器皿），"豆"（存放调料的器皿，如盐腌的肉酱）等。诗作《大招》中写有如下诗句："鼎臑盈望，和致芳只……""鼎"是一种青铜器，三条或四条长支脚，其功能是肉类菜品的烹饪和用餐器皿，也可用作祭礼用品。肉类菜品首先放在大鼎内烹煮，然后在宴会上分发给各个用餐客人。最后，鼎被视为官方祭祀仪式的祭礼用品。时至今日，鼎仍始终与崇高地位以及宏大壮丽相关。虽然楚国继承了许多周朝礼制仪式，但其青铜器仍具有自身特点，例如"王子午升鼎"（产自春秋时期，公元前770年—前476年，图3-9）。王子午升鼎是用作烹制肉菜的饮食器皿，与北方中原文化的鼎（图3-10）相比，楚文

图 3-9　春秋时期的王子午升鼎

图 3-10　西周晚期的中原鼎

---

❶ Jenny F.So.Chu Art：Link between the old and New[M]//Constance A.Cook，John S.Major.（Hrsg.）.Defining Chu：Image and reality in ancient China.Hawai，1999：34.

图 3-11 青铜簠，春秋时期楚国，
　　　　湖北省博物馆藏

图 3-12 曾侯乙尊盘，战国时期，
　　　　湖北省博物馆藏

化中的升鼎已不同于周朝传统鼎的形象：拱出的腹部，狭窄的腰身，扁平的底部和极为夸张的耳部（把手）。这种造型反映出楚艺术造型的动态轻盈和栩栩如生。"青铜簠"（烹制谷物的用餐器皿，图 3-11）的特点则是直线线条和四角形状，它显然有别于北方中原文化地区"簠"的圆形造型。

　　此外，楚艺术也发展出了自己的装饰风格，主要体现为交织和卷绕手法复杂的浮雕以及主题为神兽的华丽装饰（图 3-12）。复杂有孔铸模的制作归功于楚国时期的新型青铜浇铸工艺"失蜡法"。

　　战国时期，漆器经历了它在楚国的辉煌时期，它不仅表现出精湛工艺，还反映出一种社会转型，即"从周朝占主流地位的祭祀功能发展为自身艺术风格，一种装饰与工艺的巧妙结合。"❶ 楚国在权力日增、疆域扩张的过程中，用本地漆器产品逐步代替青铜器。不仅在贵族墓葬中，甚至在平民墓葬中也发现了许多体现楚艺术特殊美学的各类漆器。其中有大量日用的，同时也是装饰用的精美物品。

　　楚国时期的漆器一般由木材（如楠木和樟树）和竹子制成，采用大漆（一种采自漆树的天然材料）作画。这种漆器的特点是在精细流动的红色

---

❶ Shaohua Xu.Chu Culture：An Archaeological Overview[M]//Constance A.Cook，John S.Major（Hrsg.）.Defining Chu：Image and reality in ancient China.Hawai，1999：26.

（有时也采用黄色、蓝色和其他色）图案上绘制大片黑色背景（图3-13）。所有装饰图案均采用特色鲜明的抽象风格，绘制了神话动物（龙和凤凰）、自然植物和天象图。创作原型首先被打散解构，然后再重新设计，以创作出一种新型的艺术造型。流动的弧形线条充满动感和韵律感，它们表现出楚艺术对富有生命力艺术造型的偏爱。根据功能性可将漆器划分为三种类型：肉类和蔬菜类菜品的餐具（豆、盘、盒和勺等），饮品类器皿（杯、卮、樽和挹）和饮食家具（案和几）等。以下笔者将分析若干饮食器皿。

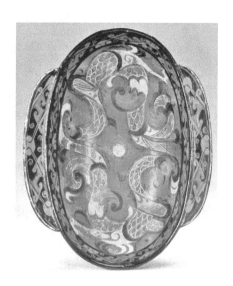

图3-13　耳杯，战国时期

"豆"在楚国时期是一种用途极广的用餐器皿。豆由三部分组成：碗、撑杆和底座（图3-14）。楚国时期的豆一般由黑色上漆的木材制成，上面绘有红色的几何图案。鸳鸯豆展现出漆器的一种特殊造型艺术形式（图3-15）。

图3-14　彩色几何纹饰战国"豆"，湖北省博物馆藏

耳杯／羽觞是一种大众饮酒用的饮用器皿，是楚墓中发掘出的最常见漆器❶。耳杯呈椭圆造型，便于更好地汲取和饮用杯内液体。杯壁两边的双耳便于舒适地握持。杯内漆红，杯

图3-15　战国时期的鸳鸯豆

❶ 沈福文.中国漆艺美术史[M].北京：人民美术出版社，1992.

图 3-16　漆耳杯，荆州博物馆藏

外漆黑。双耳和耳杯内壁装饰最多的是凤纹和雷纹图案。此外，椭圆形耳杯可以堆叠。这里的插图展示的是一个内装十个耳杯的专用盒子。每五个耳杯组成一组，前五个朝向一个方向，后五个朝向反向，中间两个耳杯之一的耳朵部位呈三角形，其目的是便于配合相扣的耳杯（图 3-16）。最后，筷子、调羹和碟子也是楚国时期常用的饮食用具。

3.2.3　楚建筑及其思想

以下将从楚文化思想背景下分析古楚建筑，本部分对后面的设计实践部分十分重要，旨在将楚国时期的饮食文化作为一个全面的系统艺术作品进行深入考察。

首先对一手文献即当时文学作品中的历史描述进行考察，了解楚宫廷建筑及其与当时北方中原文化圈宫廷建筑的差别。当时重要的楚文化经典作品《楚辞》和中国历史的经典史书《国语》❶中记载着大量关于城市规划、建筑材料、建造技术、室内装修及陈设装饰等楚国宫廷建筑的细节，我们可以从现存楚国废墟中得到验证，例如章华台（楚国时期的皇家别墅，公元前 535 年）。❷

此外，笔者还考察了关于楚建筑研究领域的现有学术成果，以及当今对于楚建筑的考古学和美学观点。作为中国南方建筑的重要代表，楚建筑

❶《国语》是中国历史上最早的经典著作之一，大概在公元前 400 年左右编译完成。《国语》中记录了公元前 900—400 年，关于八个诸侯国——周、楚、鲁、齐、金、郑、吴和越的各类事件。

❷"章华台"皇家别墅建于约公元前 535 年，由楚灵王建造，是一个由各种建筑和花园组成的建筑群。它东西长约 2000 米，南北宽约 1000 米，位于今天的湖北省潜江市。

具有许多特点，它主要体现出道家哲学——"道法自然"。

楚建筑对人、生命和宇宙的反思与源于楚地的道家思想密不可分。"道"是宇宙的起源，是天和地的初始，是创造万物的母亲或万物的祖先。它是通用原则和自然法则。每一种物体都有其自身的"道"，其中也包括遵循"道"的人、天和地。

中文"自然"一词由两个音节组成。第一个音节"自"为"自己、不言而喻，或自从"。第二个音节"然"意为"对、那么或正确"。"自然"一词在词源学意义上指大自然，自然而然，它描述了一种没有人类干预的发展，是一种不言而喻的、肯定会顺利进行的发展。

"自然"是道家思想的一个重要概念："人法地，地法天，天法道，道法自然。"这里论及的"自然"并不指向实际的大自然，而是指一个自然而然的状态，即人、地、天和道应在不违背自然法则的前提下发展并实现其自身天性。

楚国建筑规划的指导原则强调"自然"，其主要特点是顺应和充分利用自然环境。由于楚国境内山多水多，楚国时期岸湖建造的皇家别墅章华台（公元前约 535 年）和建在山体上的放鹰台（位于今天的湖北省潜江市）均是典型案例。❶据此，楚国宫廷建筑的特点体现在"层台累榭，临高山些"和充分利用水资源❷。楚国经典《楚辞》中对楚国建筑的这些特点做了如下描述："高堂邃宇，槛层轩些。层台累榭，临高山些。""坐堂伏槛，临曲池些。芙蓉始发，杂芰荷些。"

通过考古发现的文物可证，保存至今的楚国章华台建筑遗址是一个整体皇宫建筑群，它由多层台与榭以及一个水中景观组合而成（图 3-17）❸。

此外，干阑建筑形式（在陆地或水面上用木桩支撑，并用木材建造的木桩建筑）在楚国领域频繁推广，以适应当地景观和气候环境。古楚建筑与自然环境的结合在《楚辞》的诗作《九歌》中有详细描述："筑室兮水中，葺之兮荷盖。荪壁兮紫坛，播芳椒兮成堂。桂栋兮兰橑，辛夷楣兮药房。

---

❶ 高介华、刘玉堂. 楚国的城市与建筑 [M]. 武汉：湖北教育出版社，1996.

❷《楚辞》（招魂篇）："层台累榭，临高山些"。

❸ 周维权. 中国古典园林史 [M]. 北京：清华大学出版社，1996.

图 3-17 楚建筑复原图

罔薜荔兮为帷，擗蕙櫋兮既张。白玉兮为镇，疏石兰兮为芳。……"❶

最后，富有特色的室内设计也是楚建筑的特点，主要体现在个性十足的过道和内外房间的分界。其中亦反映出道家哲学思想"有无相生"。建筑部分的"榭"（一种由木材建造的建筑物，大多建造在高平台上）及其所属的"轩"（附属于建筑物的游廊或尾子）是上述的相关范例。这类建筑物将人的视线从内室引至外部空间，与此同时又可将外部环境映射到内室。

3.2.4 楚宫廷宴会的饮食礼仪

（1）"沃盥"仪式

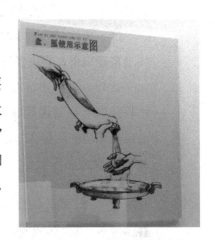

"沃盥"仪式是一种周朝宴会前的重要仪式❷，并流传至楚国宫廷。这点可从楚墓大量的出土青铜器得到佐证。词源学上"沃"的字意为浇水，"盥"意为洗手。"匜"和"盘"是这类仪式的专用青铜器（图3-18）。

---

❶ 《九歌·湘夫人》。

❷ 《礼记·内则》载："进盥，少者奉盘，长者奉水，请沃盥，盥卒授巾."

图 3-18 盘、匜的使用示意图，湖北省博物馆藏

图 3-19　楚国的匜，湖北省博物馆藏　　　　图 3-20　楚国的盘，湖北省博物馆藏

"匜"用作浇水容器，"盘"用于存放已用过的水（图 3-19、图 3-20）。沃盥仪式中，匜和盘不能分开使用。

（2）"乐舞"

楚国时期的音乐与舞蹈分为两种类型：用于民间祭祀（敬神）中的"乐舞"，和用于宫廷的"乐舞"（宫廷宴会的娱乐节目）。这里主要讲解楚国宫廷宴会的"乐舞"，其形式取自于民间祭祀。

"乐舞"是楚国宴会中不可分离的部分。《楚辞》中《招魂》篇对宫廷宴会的乐舞进行了详细描述。楚文化的乐舞艺术影响着不同的民族与地区。首先，宫廷"乐舞"源自周朝礼仪体系。中国的音乐与舞蹈发源于远古时期的巫术和祭祀仪式，如汉字"舞"派生于汉字"巫"，甲骨文中两字同义。❶ 原始的巫术艺术在周朝得到发展并完善成为仪式和体系，由此产生出儒家的中心思想"礼乐"思想系统。"礼"指从祭祀到日常生活中的所有行为准则及整体思想。根据"礼"的要求，个体的自然属性必须用礼仪体系严格加以管束，以构建一个整体的和谐社会。因此，除"礼"之外还强调"乐"，其目的是借助"乐"达到一种平衡，以避免社会纠纷，因此"礼"的外在标准和与人类内心天性与感觉相连的"乐"（音乐）便相辅相成。❷ 周朝的"乐舞"遵循严格的礼制，多种不同的音乐类型，分别用于不同的节日（祭礼献祭，婚礼，战争等）和宫廷舞蹈体系，如：大舞、小舞、夷

---

❶ 常任侠. 中国舞蹈史话 [M]. 上海：上海文艺出版社，1983.

❷ 李泽厚. 华夏美学 [M]. 桂林：广西师范大学出版社，2001.

图 3-21　编钟和编磬

舞等。❶ 楚国宫廷传承周朝的礼乐体系，因此楚文化的音乐和舞蹈体系受到北方礼乐体系的巨大影响，如编钟和编磬（由源自中原文化圈的青铜编钟和成套 L 形乐石组成）（图 3-21），在宫廷音乐中扮演着重要角色。楚国的宫廷宴便再现了《招魂》中描述的场景。类似场景也在《大招》有所论述："二八接舞，投诗赋只。叩锺调磬，娱人乱只。"

　　除北方严格等级制的周朝礼乐体系外，南方本地民间祭祀的音乐与舞蹈文化也对楚文化的宫廷"乐舞"做出了贡献，因此楚国宫廷宴会的"乐舞"具有平民娱乐和神秘的特点。例如《招魂》和《大招》两诗中描述的"吴歌"（吴，位于长江下游的一个诸侯国）和楚国宴会时使用的各类本地民间戏剧乐器，这些也在楚辞的另一篇章《九歌》中得到证明。"九歌"源于南方民间神话，最早为祭礼时所唱的歌曲。楚文化早期，这些巫术由"吴"人巫师所施，他们通过舞蹈和歌唱召唤和赞扬灵魂或诸神。屈原改编了这种仪式并细化成为诗作《九歌》，但仍保留着原作的原始仪式特点和萨满祭祀的表现形式，如歌唱与舞蹈，语言和赞美。这在现已发掘的漆器中表现得极为明显（图 3-22）。《九歌》中也描述了南方其他地区的祭祀乐器，如：鼓，瑟等。

　　来自于民间祭祀的小型编磬乐器被编入成为楚国宫廷音乐，他们采用源自中原文化圈的传统乐器编磬构成了一个统一的乐队。许多民间歌曲也

---

❶ 杨匡民 . 荆楚歌乐舞 [M]. 武汉：湖北教育出版社，1997.

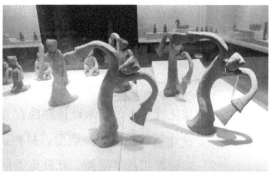

图 3-22　彩绘鸳鸯盒（局部），战国时期，　　　　　　图 3-23　西汉乐舞人偶，徐州博物馆藏
　　　　　湖北省博物馆藏

出现在楚国宫廷宴会中被咏唱，《大招》中曾描述："代秦郑卫，鸣竽张只。
伏戏驾辩，楚劳商只。讴和扬阿，赵箫倡只。魂乎归来！定空桑只。"

　　最后，"神游"的思想和对流畅韵律的审美偏好也反映在楚国的宫廷
舞蹈领域。因此，宫廷舞女的特点便是纤细的腰身和她们舞衣超长的水袖，
这些特点一直延续到了汉朝（图 3-23）。

3.3

全球化背景下基于"楚文化"的艺术设计叙事

　　公元前 221 年，西北政权秦国统一中国后，楚文化逐渐与中原文化融
合，之后转变成为汉文化，自此楚文化构成了中国文化的一个重要组成部
分，我们仍然能在当今日常生活中觅得楚文化的蛛丝马迹。本小节将对楚
文化在现代社会的发展，尤其在 1978 年中国实施改革开放政策后的发展进
行分析。自 20 世纪 80 年代以来，中国改革开放的政策促使许多学者开始
思考，传统中国文化在现当代的复兴和发展问题。作为古代中国文化的一
个重要组成部分，楚文化也因此日渐频繁地成为当代艺术和设计研讨活动
的主题，楚文化的美学特点也被越来越多地融入艺术设计创作实践中。

　　以下笔者将首先对当代"楚文化"创新的社会历史背景展开分析，其
涉及到全球化背景下的文化创意产业，以及艺术设计创新对提升文化创意

产业在全球市场竞争过程中的作用；基于此，笔者进一步通过对文化创意产品设计、建筑设计、中国画和现代舞蹈创作领域的具体案例展开分析，深入探讨楚文化在当代多个不同领域的发展，笔者将重点研究古楚文化是如何通过传承与创新，被置入到当代的艺术设计创作中的。笔者提倡在全球化背景下，艺术设计实践在文化层面的创新，这不仅包括了可见层面的设计创新，例如：造型、材料、装饰、色彩等；还应包含不可见的层面，如精神和哲学层面。此外这类创新还需符合当代社会和人的实际需求，以助力提升迈向全球化新时代的中国文创产品的全球竞争力。本章节为设计实践部分的研究，即开展全球本地化视野下的楚文化设计创新提供了实践参考。

3.3.1 全球化背景下的"文化创意产业"

在不同国家和国际研究机构，"文化产业" ❶ "创意产业""版权产业"等均被用于描述"文化创意产业"概念。直至 1997 年，英国"文化，媒体和体育促进部"将"文化创意产业"作为国家产业经济政策予以推进，并冠以"创意产业"的名称。1998 年，英国编制了第一份关于"创意产业"的报告，其中对这个概念做出如下定义："这种产业是源自个人创意，技能和人才的产业，也是通过产生和利用知识产权创造财富和就业机会的产业……包括广告，建筑，艺术和古董市场，工艺品，设计，时装设计师，电影和视频，互动休闲软件，音乐，表演艺术，出版业，软件和计算机服务业，电视和广播。我们认识到，该产业与其他行业如旅游，服务，博物馆和画廊，文化遗产和体育运动等都有着密切的经济关系。" ❷

---

❶ 英语"文化产业"（Culture Industry）与德语"文化工业"（Kulturindustrie）概念不同。法兰克福学派的代表人物霍克海默（Max Horkheimer）和阿多诺（Theodor W.Adorno）在著作《Dialektik der Aufklärung》（启蒙辩证法，章节：文化工业：作为大众欺骗的启蒙）中对"文化工业"进行了批判，因为文化工业导致了文化生产和功能的变化，即所有文化的标准化和商业化，以及艺术作为商品的功能。因此，德国的文创产业使用"文化经济"（Kulturwirtschaf）一词。

❷ 英国创意产业纲领文件（Creative Industries Mapping Documents 2001）[EB/OL]. (2001-04-09) [2020-04-15].https://www.gov.uk/government/publications/creative-industries-mapping-documents-2001.

英国的"创意产业"为其总体经济扮演了重要角色。根据统计数字，2013 年创意产业为"GVA"（总增加值）产出共七百六十点九亿英镑，为英国总体经济的贡献率达约 5%，并创造出一百七十一万个工作岗位，即占英国总工作岗位约 5.6%。❶英国"创意产业"对其他国家的影响是巨大的，例如美国、加拿大和新加坡，他们同样采用"创意产业"这个概念开发出了相关产业。

德国使用"文化经济"这个概念，它处于艺术和创意行业中创意工作的核心地位："就文化产业这一概念的一般应用而言，德国各不同创意产业包括那些文化创意企业……它们主要定向于业务营运，致力于文化/创意产品和服务的创造，生产，分配和/或媒体推介……文化产业以及文化产业范围这一概念应将涵盖音乐和戏剧业，出版业，艺术市场，电影业，广播业，建筑业和设计业等的经济产业分支考虑在内，创意产业范围应将广告业和软件/游戏产业等经济产业分支考虑在内。"

2002 年，中文术语"文化创意产业"首次在中国台湾被提出。该概念通过将"文化产业"与"创意产业"结合，强调了台湾的本土文化、创意和产业之间的关系。❷"文化创意产业"这一概念在中国台湾指"源自创意或文化积累一类的产业，它们形成并应用知识产权……提高国民的艺术能力，提升国民的生活环境。"它共包含 16 个类型，如视觉艺术、手工艺品、产品设计、建筑等。由此可以看出，"创意""文化保护"以及与"创意生活"相关的艺术和设计领域在中国台湾处于"文化创意产业"的核心地位（图 3-24）。

图 3-24　台北故宫博物院
的文化创意产品

❶ 英国创意产业经济评估（Creative Industries Economic Estimates）[EB/OL].（2015-01-09）[2022-09-10].https://www.gov.uk/ goverment/uploads/system/uploads/attachment_data/file/394668/ Creative_ Industries_Economic_ Estimates_-_January_2015.pdf.

❷ 吴静吉，于国华. 台湾文化创意产业的现状与前瞻 [J]. 二十一世纪，133：82-88.

图 3-25　创意文化产业园区，中国武汉

　　1998 年，中华人民共和国文化部设立了"文化产业司"，并于 2009 年发布了中国文化产业的第一份规划，即中华人民共和国国务院的《文化产业振兴规划》，这是"文化产业"上升至国家级战略产业高度的一个信号。在此之后，国务院和各省地方政府开始着手推进"文化创意产业"的各种促进项目，如在北京、深圳和武汉等大城市中建立大量创意产业或文化产业园区（图 3-25），大学科研类机构也设立了相关的专业设施和研究部门，并将数字和多媒体技术纳入"文化产业"。促进和研发文化创意产品的各类支持项目不断增多，中国许多国家级博物馆都开发了自己的特色文创产品，并广受市场欢迎。

　　此外，在全球化发展的新时代背景下，跨文化交流与互动已经迈向了更深入的阶段，文化创意产业在跨文化交流和展示世界文化多样性方面有着重大价值。但近些年，文化与创意产业逐渐被跨国传媒巨头掌控，而大部分发展中国家尚不能充分发挥创造力来发展该行业❶。中国文化创意产业

❶ 解学芳，葛祥艳. 全球视野中"一带一路"国家文化创意产业创新能力与中国路径研究——基于 2012-2016 年全球数据 [J]. 青海社会科学，2018（04）：51-59.

正在快速发展，根据国家统计局最新公布数据，我国文化及相关产业增加值已经从 2014 年的 2.4 万亿元，增长到 2019 年的 4.4 万亿元，增幅接近一倍，年均复合增长率约 12.9%，但在全球市场上，中国所占的文创产业市场总额较少，对外输出和影响比较有限。文创产品是文创产业的重要组成部分，在全球化深入发展的新时代背景下，中国的文创产品设计应呈现出更多样化的语言、形式和意义，以对内促进文化自信的建立，对外推动中国文化的传播。但目前大多数文创产品设计仍然存在以图案纹样的简单复刻现象，不仅不利于本地文化的传承与创新，在全球市场上也缺乏竞争力。因此，设计师需要从新的研究视角开展文创产品设计研究与实践，以创造出既扎根于本地文化，又面向全球化市场的文创产品。❶

以下笔者从全球化视角，通过文化分类方法，对基于"楚文化"的艺术设计叙事展开三个设计维度的分析：第一个维度是"楚文化符号的叙事设计"，其探讨了文创设计如何提取相关文物或拥有集体记忆特点的物品特征，并将其转化为视觉符号，结合叙事设计讲述楚文化的故事；第二个维度是"楚文化传统艺术与工艺的重构设计"，探讨了艺术家和设计师如何从区域文化的艺术特性以及工艺特点，如本地材料与手工艺出发，运用解构、重组等现代设计手段，在全球本地化背景中展现中国文创产品的新形式；第三个维度分析了"楚文化社会习俗的转译设计"，即设计师如何挖掘古楚文化中社会习俗和活动的精神内涵，并借助设计转译创造出既适合于当代社会生活，也能促进全球文化多样性的作品。

3.3.2 楚文化符号的叙事设计

文化符号存在于一切人类创造的文化现象中，包括生产符号及造型艺术符号，还包括在生活、制作过程中的文化成果和文化现象。地域文化符号指能体现地域文化特点的形式和内容，是从文物古迹、集体记忆等诸多因素中优化、汲取而成。设计叙事分为两个维度：历史性与形式语言，将设计的对象、目的、限制等诸多因素以叙事的方式重新整合，通过产品的

---

❶ 程文婷，曾梦媛. 全球本地化视野下的文创产品设计前期研究 [J]. 包装工程，2023，44（12）：358-367.

形式语言进行叙述，包括产品的历史、文化、创意、设计和消费。文化符号的设计叙事不仅在于文化内涵的表达，更在于从设计师到不同用户群体对于设计意义的理解程度，通过叙事建构本地文化符号，可以使文创产品的形式不再抽象，便于人们理解本地文化的内涵，从而在全球化市场更好地传达中国文化价值观和精神。❶

（1）湖北省博物馆文创产品设计大赛

位于武汉市的"湖北省博物馆"是中国楚文化遗产最为重要的收藏与研究机构之一。历年来，湖北省博物馆开展了多次围绕古楚文化及其文物的主题设计竞赛，旨在以文创产品设计重振古楚文化在当代社会的发展，这一案例能以小见大，折射出当下许多中国博物馆的"文化创意产品"开发现状与问题。

2016 年 5 月 11 日，中华人民共和国文化部、国家文物局、国家发展改革委和财政部共同颁发《关于推动文化文物单位文化创意产品开发的若干意见》。该政策实施的目的是为进一步促进博物馆、艺术馆、图书馆和其他国家级文化文物单位的文化创意产品及其相关项目的发展。为了详细陈述现存问题和未来文化创意产品开发的措施，2016 年 5 月 19 日，中华人民共和国文化部在北京故宫博物院举办了专场记者招待会。

"文化创意产品"在中国早已成为一个流行词，其指的创意是对自身文化遗产进行多方位的传承与创新，且创作需融入当今的生活环境，可被视为吸取古今文化的结合和价值再创造。除实用功能性外，文化创意产品设计的重点是探求对精神需求的满足。

中国台湾的文化创意产品开发及其相关产业起步较早，对中国大陆产生了很大影响。在台湾的现代博物馆运营管理领域，文化创意产品的研发扮演着越来越重要的角色。一方面，文化创意产品，例如将博物馆精选藏品的复制品作为文化旅游纪念品，已成为了许多博物馆的主要收入来源。

---

❶ 周庆.叙事性设计的符号学解读 [J].南京艺术学院学报（美术与设计），2020（4）：127-131.

赵静蓉.文化记忆与符号叙事——从符号学的视角看记忆的真实性 [J].暨南学报（哲学社会科学版），2013，35（5）：85-90.

据统计，北京故宫博物院 2012 年的文化旅游纪念品收入约达 1.5 亿元人民币。❶ 另一方面，文化旅游纪念品也具有特殊的文化交流功能，它可被视为博物馆造访者的文化记忆。最后，文化旅游纪念品可对增强跨国访客，甚至在全球市场上的国家认同做出贡献。因此，近年来中国众多博物馆启动了各类文化创意产品的开发项目。

图 3-26　台北故宫博物院的文化
创意产品"清宫先生"

但是，作为文化和商业的跨界产品，文化创意产品也备受批评。文化创意产品设计中的肤浅文化符号和极度商业化特色成为争论的中心，例如：台北故宫博物院与意大利阿莱西（Alessi）设计公司共同开发的文化创意产品"清宫家族"系列（图 3-26）便是一个案例。尽管"清宫家族"系列文创产品的商业业绩斐然，但曾任台北故宫博物院院长的周功鑫女士仍将这个文创产品系列评价为"对博物院藏品的肤浅理解"❷。由于文化交流的特殊功能，文化创意产品有别于普通产品。因此，探寻如何更好地实现文化创意产品的文化和经济价值是未来的一个重要挑战。

中国的文化创意产品与传统文化的复兴密切相关，文化创意产品设计是一种源于传统文化的创意性价值创造。在文创设计研究和实践领域，尤其是围绕设计师如何在设计中创作基于中国传统文化的当代产品设计，中国一大批学者已有丰富的学术成果。

台湾的文创设计研究起步较早，台湾艺术大学林荣泰教授通过研究文化创意产业的本质和架构，探讨了全球背景下区域文化的传承，研究了如何经由传统文化转换为创意，加值现代产品设计 ❸。林荣泰认为，台湾的地方文化已成为未来设计工作的决定性元素。这个元素的重要性不仅针对国

❶ 张黎姣. 用什么纪念品把博物馆带回家 [N/OL]. 中国青年报，2013-08-27[2023-09-20].http://zqb.cyol.com/html/2013-08/27/nw.D110000zgqnb_20130827_5-09.htm

❷ 李如菁，何明泉. 博物馆文化商品的再思考 [J]. 设计学报，2009，14（4）69-84.

❸ 林荣泰. 文化创意·设计加值 [J]. 艺术欣赏（台湾），2005，1（7）：26-32.

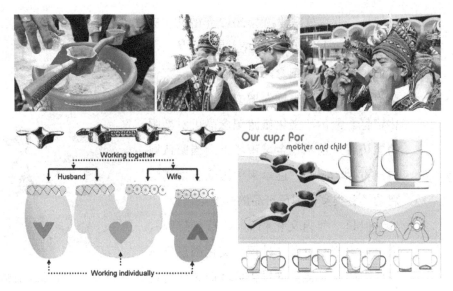

图 3-27　将本土排湾族文化中的"双杯连杯"转化为现代产品的设计

内的设计开发，同时也针对国际市场。林荣泰研究工作的重心集中在如何将台湾地方文化融入设计实践之中。例如设计团队在教学中尝试将"排湾族文化"中的传统物品"双连杯"❶ 设计转化为一个现代产品。借助三种不同的设计手法，即外部造型层面（材料，颜色，造型等）、操作层面（消费行为和应用场景）和心理层面（情感，文化和象征性意义），以双连杯为基础，创作出了一系列文化创意产品（图 3-27）。❷

香港理工大学梁町教授（B.D.Leong）❸ 致力于研究东西方文化互动联系下的设计方法，提出了"文化空间"模型，为文化创意产品设计领域的研究和实践提供了一个新的视角。梁町自 20 世纪 90 年代开始便将研究聚焦

---

❶ "双连杯"常被排湾族人用于婚礼和节庆日仪式。

❷ Rongtai Lin.Transforming Taiwan aboriginal cultural features into modern product design：A case study of cross cultural product design model[J].International journal of design，2007，1（2）：45-53.

❸ Benny Ding Leong 曾在伦敦皇家艺术学院学习工业设计，自 20 世纪 90 年代以来一直在香港理工大学工作。他的作品 / 设计项目，如 Things East-West、E-light、Philips-Alessi kitchen 等使他闻名。他的研究领域包括中国文化与设计、可持续设计（与中国传统思维有关）和用户中心设计。他还是中国多家设计协会团体的创始人或推动者，如："Lifestyle Design Research Network of China，Design for Social Innovation & Sustainability"。

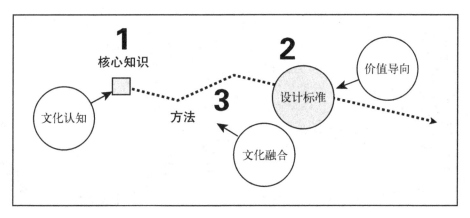

图 3-28　面向文化复兴设计过程中的理论框架

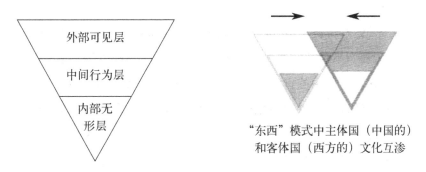

图 3-29　文化结构重叠融合模式

在传统中国文化，以及与之相连的物质文化的"内部层面"❶，尤其对研究中国古典名著如：易经、论语、道德经等极为重视。在一次访谈中，梁町提出了一种建立在文化复兴基础上的设计方法，即所谓的"东-西模式"。这种模式以"核心知识"为出发点，即重要的中国文化认知层面，如道德、辩证的阴阳原则、人与自然的和谐等理念。通过研究传统中国文化的"价值取向"，最终开发出一种"文化融合"战略，采用这个战略能使不同文化在交互过程中融合不同的层面（图 3-28 和图 3-29）。❷

---

❶ 梁町对"内部层次"的研究受到社会学"文化空间透视"（spatial perspective of culture）理论的启发。该理论涉及三个结构层次：外部、有形和可见的"外部层次"；以文字和语言的形式呈现的人类行为礼制的"中间层次"；以及人类意识形态表现的"内在层次"。

❷ Leong B D，Clark H.Culture-based knowledge towards new design thinking and practice: A dialogue[J].Design Issues，2003，19（3）：48-58.

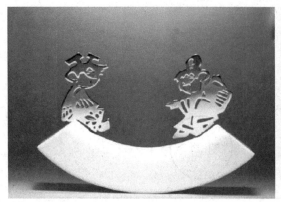

图 3-30 "双喜"盐罐和胡椒罐 　　　　　　　　　　　图 3-31 《自然广播》

　　梁町将这个模式应用于他的设计实验项目"东西方事物"。例如，作品"双喜"椒盐套瓶的设计显示出外部层次（中国剪纸艺术）与中间层次（西方饮食文化中的行为）的融合（图 3-30）。梁町在其作品"自然广播"中，并未通过产品外部造型体现中国文化，而是尝试将中国文化中对人和自然世界的共融理念植入产品设计中以电子方式将自然界的声音转换成相应的旋律。这些旋律可以在公共场合与其他人一起聆听，旨在提高人们对自然的认识（图 3-31）。

　　中国大陆的文化创意产品设计实践，主要由国家级文化遗产管理和研究机构以及私人组织，设计企业或设计团队推动开展。湖北省博物馆是中央与地方共建的八家国家级博物馆之一，因此其历年来举办的多次以古楚文化和相关藏品为主题的文创产品设计大赛具有一定的示范作用。通过对历年设计获奖作品的分析发现，大部分设计作品体现了设计师基于古楚文物和相应文化符号元素进行创作的方法。一部分获奖设计作品以拼贴画的形式展示了古楚文化元素和博物馆的馆藏展品，例如在一套茶具产品设计中，典型的红黑色楚漆器的图案被用作外部装饰（图 3-32）。在另一些设计中，编钟的造型虽被作为楚文化的符号元素保留下来，但曾作为一种重要仪式乐器的楚文化编钟的原始功能和文化内涵均已丧失（图 3-33）。这类作品仅将文物的形状和装饰图案进行了表面的、装饰性的组合，并未将古楚文化创造性地继承并转化到当代社会。文化创意产品的设计不应仅是对传统文化的复制，或对传统文化经典的回忆，而应着眼于当代社会和生活方

图 3-32　古楚绘画和楚国漆器的色彩作为茶具的外部装饰

图 3-33　编钟形状的 U 盘设计概念

式，这样才能将传统文化以及许多中国传统产业继续发扬光大。在设计叙事的形式语言上，将各类文物从形态上进行设计转化，形成各式的当代生活产品；在叙事内容上，尝试传达出产品的文化历史内涵。

（2）湖北省博物馆建筑的"民族形式"设计叙事

湖北省博物馆的整体建筑群于 2007 年建造完成，它不是传统中国建筑，而是带有楚文化民族形式的现代建筑。"民族形式"风格发展形成于 20 世纪 20 年代末，受现代西方建筑的影响和当时（南京）政府的支持❶，国家级

---

❶　潘谷西. 中国建筑史（第五版）[M]. 北京：中国建筑工业出版社，2005.

建筑物主要采用传统中国建筑元素与现代建筑风格相结合的风格。

1929 年 7 月，"中国固有之形式"在"大上海计划"中被提及。❶ 之后，"中国固有之形式"也扩散至同一时期的北京，并作为文化城市身份的符号。

1929 年 12 月，南京国民政府提出了一份范围广泛的城建计划：《首都计划》，该计划的目的是重建首都南京，并使之现代化，从而构建一个可与西方国家现代城市媲美的中国现代城市典范。《首都计划》中编制了一个特殊的章节"建筑形式之选择"，第一次正式提出"中国固有之形式"❷，所有国家的和公共的建筑物必须循此项规定实施设计。"政治区之建筑物，宜尽量采用中国固有之形式，凡古代宫殿之优美，务当一一施用……商店之建筑不妨采用外国形式，惟其外部仍须具有中国之点缀……住宅区外墙之周围，皆应加以中国亭阁屋檐之装饰物"。

所有上述政策促成了各类复兴传统中国建筑的实验性时期，由此产生出所谓的建筑中的"民族形式"。自 20 世纪 20 年代末，许多中外籍建筑师开始采用"民族形式"风格进行中国的建筑物设计，其风格特点是融入古典的中国飞檐屋顶、传统的图案、高台等建筑形式，南京火车总站和上海市政管理大楼（1933 年）的建筑规划便是"民族形式"的范例（图 3-34 和图 3-35）。

湖北省博物馆整体建筑延续了"民族形式"风格。该建筑不是对古楚建筑艺术的简单复制，由于对古楚建筑的细节知之甚少且基本依据猜测，建筑师们一般也浅尝辄止。湖北省博物馆的整体建筑表现出一种传统中国建筑元素，楚文化图案与现代建筑设计的杂糅形式。

湖北省博物馆筹建于 1953 年，位于武汉东湖之畔，为扩大展区面积，于 1990 年开始大规模扩建，至 2007 年才重新开放。❸ 作为中国展示楚文化和楚国历史最重要的公共中心机构，早在扩建项目的初始阶段，湖北地方

---

❶ Kerrie L.MacPherson.Designing China's urban future：The Greater Shanghai Plan，1927—1937[J].Planning Perspectives，1990（5）：39-62.

❷ （民国）国都设计技术专员办事处 . 首都计划 [M]. 南京：南京出版社，2006.

❸ 湖北省博物馆的占地面积约为 81.909 平方米。从 2016 年 3 月开始第三阶段建设。

图 3-34　南京火车总站的建筑规划

图 3-35　上海市政管理大楼

政府便已确定将"浓郁的楚文化特征"作为项目筹办的决定性方向。❶例如总设计师向欣然提议以高台基建造形式突出古代楚建筑艺术的标志性特征。楚国宫廷建筑的特点是多层台基之间以及露台上"榭/亭"❷的组合。❸现存

---

❶ 向欣然.湖畔筑台——论湖北省博物馆扩建工程的建筑创意 [J].建筑学报,2010(7):
78-81.

❷ "榭"是中国一种传统的木制建筑,大多建在高平台上,四周呈开放状态并有顶部。

❸ 高介华,刘玉堂.楚国的城市与建筑 [M].武汉:湖北教育出版社,1996.

图 3-36　湖北省博物馆建筑立面

楚国废墟"章华台"便是例证。建筑师将这种建筑形式转化成博物馆的三栋主建筑楼，尤其是南北轴线上的主展厅大楼，该楼由多层高露台与露台上的三层多功能展厅构成。由于直至今日我们仅知晓楚国建筑形式的部分细节，因此该设计方案采用了"宫殿式"（"民族形式"建筑风格的一种类型）形式，现已知这种宫殿形式由三部分组成，即高台基、建筑主体（框架结构／支柱）和典型的大坡面屋顶。建筑的立面设计尝试模仿古代中国宫廷建筑的外轮廓（图 3-36）。

　　此外，建筑的屋顶设计也可追溯到楚艺术。据总建筑师郭和平所述，在扩建项目第二阶段，建筑屋顶的造型设计受到了湖北省博物馆中一件楚国古墓出土文物的启发（图 3-37）：一种祭祀器皿"簠"（存放谷物的一种青铜容器，由两个相同部分组成）。❶ 建筑师将"簠"的上半部分转化为大楼的斜屋顶，根据这个造型将窗户和走廊的空间切割出来。我们同样可以看到一种混合形式：设计师将汉朝（公元前 206—公元 220 年）时期出现的建筑屋顶装饰"螭吻"（位于屋脊两侧建筑部件）融入屋顶造型中，但采用

❶ 郭和平，张苑原. 衔接与整合——湖北省博物馆扩建工程设计小记 [J]. 《建筑创作》，2010（10）：154-155.

图 3-37　祭祀器皿"簠"，湖北省博物馆藏　　　图 3-38　湖北博物馆的屋顶造型

了一种汲取古楚艺术元素的凤凰图案装饰进行设计（图 3-38）。综上所述，屋顶的设计如同一幅拼贴画，其造型设计来源于一件古代容器，其建造元素取自中国某一历史时期传统建筑，同时采用了源自古代楚艺术却重新设计的图案。

　　湖北省博物馆的总体建筑规划严格按照中国传统宫廷建筑物的典型轴线形式进行设计，即主通道位于南北轴线，并在该轴线上设置最重要的建筑物，这同时展现出建筑物的精神标识。据此，原本在东西方向设置的博物馆主入口现仅朝东。由此产生的主入口和博物馆主建筑便处于相同的南北轴线上。在主通道上建造广场、公园、小桥和小型景观，它们也用作通向主建筑和其他展厅的过渡空间。主通道末段是建在宽阔且向上伸展的高台基主楼，其东西向转角（展厅）用走廊连接。博物馆的整体建筑规划设计旨在投射出一种古楚皇宫建筑的符号形象。但由于古楚以东方为尊，❶这里以南北轴线的规划设计并不与古楚文化相符。此外，按当今考古发现，

---

❶ 楚人认为自己是太阳神的后裔。因此，楚人对东方非常崇敬。这可以从今天出土的楚遗址、台基、建筑和楚墓的方位中看出。张正明：楚文化史 [M] 上海：上海人民出版社，1987：105-107.

古楚建筑的总体布局并不完全重视对称性。

湖北省博物馆的整体建筑是将古楚建筑风格进行现代转译设计的一个重要范例，它表明了用设计的手段将现在与过去相连并非易事，尤其在当过去为我们留下的资源非常有限的条件下。早在 20 世纪 20 年代，梁思成已将吕彦直设计的孙中山陵墓认定为"民族形式"，他认为中国建筑的印象目前仍停留在表象，距离"中国建筑的实现尚任重道远"。❶ 时至今日，在中国仍能见到许多不同形式的"民族形式"，关于"造型层面的相似性"与"精神层面的相似性"讨论延续至今。在当代社会需求的前提下，也许直接复制古建筑，或是古代与现代结合的肤浅拼贴画都不是最好的方向，设计该如何将中国传统文化精神进行转译，并作为新时代下的新民族形式，是一个值得探索的主题。

3.3.3 楚文化传统艺术与工艺的重构设计

区域的特色传统艺术和工艺承载了地方的历史与文化，能很好地体现地方特色。当代基于文化的艺术设计创作可以借助创新思维，打破传统的固有形式，将本地传统艺术形式、工艺通过重组、嫁接等现代设计手法进行重构，创造出新的使用方式、功能和形式，最终获得既能体现地域文化内涵与特色、又能适应当代社会生活需求的文创作品❷。

艺术家周韶华属于当代新派中国画代表人物之一，他的作品《荆楚狂想曲》包含了以楚文化为题的 55 幅山水、风俗、历史人物等领域的绘画作品，其作品价值不仅在于艺术创作，更在于改革开放后中国现代艺术对传统文化的复兴和进一步发展。周韶华的作品体现了对中国原始文化和艺术的反映，这些文化和艺术形式可以追溯到如：仰韶文化（约公元前 5000—前 3000 年）、商周文化（公元前 1600—公元前 256 年）和秦汉文化（约公

---

❶ 梁思成．中国建筑史 [M]．天津：百花文艺出版社，1998：354。南京孙中山墓的建筑设计师为曾在美国留学的吕彦直（1894-1929）设计。尽管有人批评其设计的中国建筑表面形式，但梁思成认为，孙中山陵墓的设计是对"民族形式"的复兴，并将其视为外国的"中国风格"建筑向中国"民族形式"建筑的过渡。

❷ 程文婷，曾梦媛．全球本地化视野下的文创产品设计前期研究 [J]．包装工程，2023，44（12）：358-367．

元前 221—公元 220 年）。自 20 世纪 80 年代以来，周韶华开始在中国文化和艺术发源地进行实地考察，尤其是黄河和长江周边地区，之后他创作了一系列受古代文化启发的作品，如《荆楚狂歌》。

在《荆楚狂歌》中，周韶华以楚文物中的漆器、青铜器以及楚文化史为创作主题，楚文化中的许多象征性元素被解构并重组为现代的表达和构成形式。例如《九凤朝阳》中的凤凰形象来自于古楚漆器（图 3-39 和图 3-40），作品象征了楚文化中火和凤与楚人

图 3-39　虎座鸟架鼓 / 荆州博物馆

原始信仰的紧密联系。作品《兽·灵物·仙境》展示了对楚文化的想象重构：凤凰、篆书和垂直的竹简形成了典型的几何形构图语言（图 3-41）。其次，他在作品中探及了楚文化精神的思考，如：萨满、驱邪、宇宙论等。《人性的苏醒》《凤或龙》《方相石》等作品结合了许多文物中的墓葬神话图腾，以展现楚文化的萨满特征，主色调也采用楚艺术中的黑红色调（图 3-42～图 3-44）。此外，其创作也涉及到了楚文化的宇宙观思想（图 3-45）。《荆楚狂歌》展示了将古楚文化的主题和思想转化为中国现代艺术的尝试，正如

图 3-40　《九凤朝阳》

图 3-41 《兽·灵物·仙境》　　图 3-42 《人性的苏醒》　　图 3-43 《凤或龙》

图 3-44 《方相石》

图 3-45 《天问》

图 3-46　以宣纸和竹框的手工艺为基础的作品

图 3-47　"飘"纸椅

他曾说："一个中国当代艺术家应该在历史与未来、民族与民族之间架起一座桥梁，为中国新艺术的建设做出贡献。"❶

　　在产品设计领域，同样有一批设计师尝试通过传统艺术与工艺的重构设计，探讨传统中国文化与现代社会之间的关系，如杭州的设计团队"品物流形"在其项目"余杭纸伞的未来"中，尝试把纸伞这种地方传统工艺品转化为当代产品（图 3-46）。设计团队与地方的传统手工艺纸伞工厂共同开发出一系列新产品，该设计项目的目的是传统手工艺纸伞的复兴和未来发展探索，通过设计重构的方式展现了传承并创新余杭纸伞传统手工艺的可能性。在"飘"纸椅的设计中（图 3-47），设计师解构了本地油纸伞的一步

❶ 鲁虹. 两河寻源：周韶华全集 1[M]. 武汉：湖北美术出版社，2011.

重要制作工艺：以竹作为骨架，将宣纸糊上天然胶水并一层层粘在伞骨上，利用宣纸材质的质感，将传统糊伞工艺运用在现代座椅设计中，最终获得了一个同时具备轻盈感和牢固性的全新产品。"飘"纸椅的设计展示了将中国传统工艺重构并运用于当代产品的新可能性，该设计展出于 2011 年意大利米兰家具展，在跨文化交流的平台中展现了基于中国传统工艺的产品设计新形式。不仅如此，该项目引起了积极的社会反应，许多国人重新评估传统手工艺的价值。

3.3.4　楚文化社会习俗的转译设计——现代舞"九歌"

现代舞蹈"九歌"是一部基于古代楚国诗歌《九歌》的现代舞剧。该剧由台湾"云门舞集"舞蹈团创作，并于 1993 年公演。如前文所述，南方原住民的祭祀习俗在楚国时期的音乐与舞蹈中扮演着重要角色，古楚诗歌《九歌》表现为区域楚文学中，南方原始祭祀仪式提纯改编的一个范例。现代舞蹈"九歌"用现代舞蹈语言刷新了 2000 多年前的古老楚国诗歌，它把古代诗歌中的古代神话和原始宗教仪式转化为现代表演艺术，是古代楚文化在当代社会中的继承与创新。与常见的、把古代文化中的只言片语用作装饰性拼贴画的做法不同，现代舞"九歌"尝试将楚文化的社会习俗、生活方式层面转译到现代社会的精神世界。

生活方式包括了个人或群体的社会关系、消费方式、娱乐内容等，反映了一个地区的价值观。转译，是从文化载体到文化内涵传达的过程。设计转译，是设计师通过研究归纳本地文化，提取文化意向特征，最终将产品以符合当代设计审美范式的设计语言表现出来的创作过程。生活方式指导着产品的设计转译，它能够帮助设计师更好地探察当地文化、理解社会现象，从而创造出更适合人们生活方式的产品❶。通过设计转译将本地文化生活方式重新设计，以更贴近人们现代生活的形式进行表现，可以增加消费者对传统文化、精神的了解，从而实现对本地文化的宣传和保护。

现代舞"九歌"一方面对古楚原始的、充满戏剧性的萨满献祭仪式进行转译，其舞蹈语言，人物形象和场景设计再现了古楚诗歌中神秘宗教和

---

❶ 陈廷浩，徐力 . 产品设计与生活方式 [J]. 设计，2016（21）：50-51.

原始野性的力量，例如舞者的服装和诸神的面具造型均为舞台的宗教仪式氛围造势。另一方面，这部舞剧体现出了对古代诗歌的新译，将古老的献祭仪式转化为对现代社会和人际关系的反思，例如在第五幕中，飘浮的云神和两个力士的组合设计表现出"神／权威"与"人／信徒"之间的不平等现象。

最后，现代舞剧"九歌"也融合了其他文化中的多种艺术形式，旨在传达出普遍意义上的人性和情感。例如第六幕中，扮演"山鬼"的舞者形体和肢体语言设计，源于原始诗歌中对山鬼形象的描述，同时结合了现代西方艺术中的"表现主义"形式（图3-48和图3-49），舞者扭曲的形象灵感来自于埃贡·席勒（Egon Schiele）的作品，张开的嘴和无声的尖叫的面部表情来自爱德华·蒙克（Edvard Munch）的油画《呐喊》。以传达出现代都市丛林中年轻人的孤独。现代舞剧"九歌"在全球表演并获得了一致好评，它使今天来自于不同文化的观众接触到中国古代的区域文化——楚文化。古老的楚文化借此在现代社会获得重生，并与其他文化开展交流，并尝试为"人类跨文化发展的共同作用"做出贡献。

图3-48　山鬼

图3-49　爱德华·蒙克《呐喊》，1910年

3.3.5 "楚菜"及其饮食设计现状分析

在今天的湖北省、古楚文化曾经的中心区域，人们仍然能见到古代楚国饮食文化的踪迹，例如饮食的基本成分仍保留为"饭"（谷物）和"菜"（肉类和蔬菜），湖北省的地方菜系仍被称为"楚菜"或"鄂菜"，古楚饮食文化已进化成了与地方生态、地理和文化相关的独特区域性饮食文化。

鉴于湖北地区丰富的水资源，当代"楚菜"的特点仍是众多的鱼类和水生植物菜品。此外，古代楚饮食文化也反映在今天由于地理原因造就的当地特殊饮食习惯，例如主要在武汉城市和城郊市民文化中的特殊饮食习惯"过早"。"过早"在本地方言中指早餐，本地人习惯于找个小吃摊用早餐，其原因是城市的地理位置和历史上武汉的商业活动发展。

以下笔者将通过田野调查，对武汉市现有的三类"楚菜/鄂菜"特色餐厅展开分析：第一种类型是提供本地鄂菜的大型连锁餐厅"亢龙太子轩"，这里可举办许多大型活动，如婚宴庆典、庆生宴会等，是杂糅了各种不同中西设计元素的案例；第二种类型是市民日常生活的代表"户部巷"，也就是所谓的早餐街，其间设有大量的小吃摊或饭馆；第三种类型是鄂菜乡村风味餐厅，它反映出当地的乡村风味饮食文化，并伴随着大众文化旅游发展，成为城市居民怀旧思乡的旅游空间。

（1）大型连锁餐厅"亢龙太子轩"

武汉市的大型餐厅连锁店，大部分建于中国改革开放政策实施十余年后的 20 世纪 90 年代。这个时期中国的经济和社会结构发生了变化，最为显著的是中央计划经济转变为市场经济，由农村社会转变为城市/镇社会。❶这一时期城市居民的收入和生活标准均得到提高，并由此进入了中国城市的消费革命，消费革命中最为突出的一个特点是大量私人餐厅的快速崛起，和居民"外出就餐"支出的增加。私人餐厅不仅丰富了饮食供给的多样性，也同时成为顾客开展社会交际和商务谈判的公共场所。改革开放政策实施后，食堂作为计划经济的福利已被众多企业抛弃，许多在职者必须在白天

---

❶ 郑红娥 . 社会转型与消费革命—中国城市消费观念的变 [M]. 北京：北京大学出版社，2006.

图3-50　清蒸武昌鱼、莲藕排骨汤和沔阳三蒸

的工作时间段外出用餐，到餐厅的"外出用餐"成为了普遍现象。❶ 在职者群体构成了中国餐厅消费的主要消费人群，此外生日宴会和婚宴也促进了中国餐饮业的繁荣兴盛。最后，许多九十年代的餐厅抓住了消费者对新型现代生活方式的渴望心理，如西式快餐连锁店麦当劳曾为中国消费者带来了全新的消费体验，在麦当劳消费在当时被视为现代化的美国文化代表。❷

　　武汉市许多大型连锁餐厅便在上述社会背景下蓬勃生长。武汉是一个典型的中国大城市，其领域达8500km²，居民人数为1000多万。❸ 这个硕大的城市为大型餐厅连锁店提供了可能性。连锁餐厅"亢龙太子轩"建于1991年，经过20余年的发展，在武汉共有4家分店和3000多名员工，是一个具有代表性的本土餐饮连锁案例。餐厅的所有分店均位于城市中心，每个分店可同时为数千名顾客提供服务。餐厅的建筑和内部装修以现代西方风格为准，东湖分店便是一个范例。该店面积达21000m²，位于众多公共建筑物附近，如湖北省博物馆和艺术博物馆。东湖分店也提供鄂菜，尤其是鱼和海鲜，还有汤类和蒸菜，如武昌鱼、莲藕排骨汤、沔阳三蒸（蒸鱼，蒸猪肉和蒸蔬菜）等（图3-50）。此外，东湖分店以及武汉其他大型餐厅连锁店的菜品特点都混合了不同地方菜的特征。由于武汉地处中国中部，被视为中国九省通衢的交通枢纽，因此当地许多大型餐厅也提供源自其他省份的特色菜，用于满足各地游客的需求，例如东湖分店也提供来自于广东

❶ 卢汉龙.中国城市的消费革命 [M].上海：上海社会科学院出版社，2003.

❷ 阎云翔.汉堡包和社会空间：北京的麦当劳消费 [M]// 卢汉龙.中国城市的消费革命.上海：上海社会科学院出版社，2003：231-259.

❸ 湖北省统计局网站，2010 年数据 [EB/OL].（2010-12-19）[2016-06-02].http://www.stats-hb.gov.cn/wzlm/tjgb/rkpcgb/fz/11028.htm.

和湖南的地方菜，类似的现象同样体现在古楚饮食文化中对不同民族饮食的融合。

东湖分店的建筑和室内设计以西式现代风格为基调，金属和玻璃材质营造出一种现代氛围，客人们通过一部露天自动扶梯步入餐厅大堂（图3-51）。室内设计体现出许多西方元素，如：水晶灯、"洛可可"风格沙发、钢琴等，以创建一种舒适时尚的品位，餐具服务同样体现出西式风格（图3-52）。餐厅的整体建筑和室内陈设设计杂糅着各种不同的伪欧洲元素与现代中式元素，但却丧失了自身应有的设计风格（图3-53）。与在德国的中餐厅相反，中国国内几乎所有的大型餐厅均设有"包厢"，为顾客提供私密空间，彰显客人的特权或社会地位，东湖分店设有60多个各种不同主题设计的包厢。此外，婚宴聚餐服务被视为这家分店的重要业务部分，为此餐厅为客人提供了特色的婚宴场所（图3-54）。

（2）"户部巷"

图3-51　东湖分店入口　　　　　　　　图3-52　餐具

图 3-53 东湖分店的大厅

图 3-54 东湖分店的婚宴室内场所

除大型连锁餐厅外，武汉市还有许多小型的、更能代表本地居民生活的特色小吃摊，"户部巷"就是其中之一。"户部巷"位于武昌城区，长仅150米，宽4米，早在明朝（1368—1644年）便已存在。❶这条小巷位于"户部"（管理财政机构的名称）附近，至清朝（1644—1911年）改称"户部巷"。"户部巷"紧邻长江，成为当时全中国商贾进入武汉的重要入口通道。特殊的地理位置和清晨间江边的商业活动需求，使得提供各地特产的早餐小吃摊在"户部巷"应运而生。❷武汉的"过早"饮食习惯成形于小吃摊，这种习惯仍然保留至今。今天的"户部巷"聚集了来自全国各地的地方特产和不同风味的小吃摊，它已不仅仅是早餐街，同时也是武汉的著名旅游景点（图 3-55 和图 3-56）。

（3）鄂菜乡村风味餐厅

随着中国改革开放后许多西式连锁餐厅的增长，九十年代开始，武汉（包括中国其他城市）出现了一种乡村特色餐厅形式，它们主要经营当地的生态营养食品，餐厅设计以体现自然风光为主。这类乡村风味餐厅在城市中，即未远离城市居民的日常生活与工作空间内，营造一种"真实的"乡村氛围。❸

改革开放后，工业化的快速发展不可避免地影响到了食品行业，传统

---

❶ 明朝嘉靖《湖广图经志书》内的城市地图已有"户部巷"的标记。

❷ 李权时，皮明庥.武汉通览 [M].武汉：武汉出版社，1988.345，529.

❸ 还有另一种类型的乡村餐厅，位于村庄或城郊的"农家乐"。

图 3-56　位于"户部巷"的"蔡林记"老字号

图 3-55　"户部巷"的西入口和东入口

图 3-57　湖北汉川的汈汊湖

　　的本地自产食物已被大规模工业化生产所代替，与现代群体消费伴生的食品丑闻和不健康的饮食方式，使得城市居民对传统的、生态的乡村自产食品和乡村生活产生了怀念。九十年代的乡村风味餐厅顺应了城市居民的思乡怀旧之情，在这里客人们可以吃到本地的自产食品，并能短暂体验舒适的乡村生活。此外，改革开放吸引了全球资本大量涌入中国，振兴了城市经济，也出现了农民进城的大规模人员流动现象。据统计，从 1976 年至今已有一亿多农民迁居城市，城市中的这类居民群体称为"流动人口"，属于

图 3-58　武汉"荷清水香"农家菜馆入口处

中国经济改革和全球资本的"副产品"。❶ 对于如今迁徙到城市生活的农民群体，乡村风味餐厅是他们忆及乡村生活的怀旧场所。

　　"荷清水香农家菜馆"是一个典型案例，它位于长江支流的野芷湖畔，餐厅的名称令人想到湖北地区典型的夏日乡村风光。湖北号称"千湖"之省，荷花属于湖北地区著名的风景特色（图 3-57），荷花的根茎：莲藕也是当地特产。餐厅的名称包含着客人对当地乡村生活环境的期许。

　　餐厅的建筑设计以传统的中国四合院模式为基础。四合院是一种四面封闭的院落，分居四面的房屋围在一起，房屋的定位沿南北和东西轴线。每个房子均独立于其他房子，但用廊相互连接。❷ "荷清水香农家菜馆"由南面入口、东西两面房子（用作"包厢"，是用于接待团体客人的封闭房间）、北面餐室和一个内院组成。内院是一个池塘，上面建有一个室外用餐区。与传统四合院相反，餐厅规划设计为半封闭空间，并未将餐厅与外界完全隔离。南面的"牌坊"，即入口大门，其功能不仅是一扇可关闭的门，也具有符号和装饰作用。从入口大门过东西轴线走向的木桥，"影壁"顿时扑入眼帘。它位于入口大门与建筑物之间，用于保护内部私密空间不受外界干扰，同时唤起客人对内部空间的好奇感（图 3-58）。"影壁"后设计了一个种有岩生植物并带假山的公园，这是餐厅进入内院，即餐厅的室外用

---

❶ 张鹏，袁长庚. 城市中的陌生人 -- 中国流动人口的空间、权利与社会网络的重构 [M].
　　南京：江苏人民出版社，2014.

❷ 楼西庆. 中国古代建筑 [M]. 北京：商务印书馆，1997.

图 3-59 餐厅通往内院的桥

餐区的过渡空间（图 3-59）。室外用餐区由若干小路与东西厢房（包厢）相连。尽管大多数中国餐厅的包厢能够凸显特权和社会地位，但这里的室外用餐区却因其乡村景致而更受顾客喜爱。北面楼专门用于大型宴会。

与尽显现代西方风格的"亢龙"餐厅相反，"荷清水香农家菜馆"刻意在餐厅室内设计中凸显了许多"土/土气"的元素，以强调"真实的"乡村特点和生态食品。中文"土"的词源学含义原指土地。"农村人离不开土地，因为他们生计的基础就是土地。"❶鉴于农村居民与土地的密切关系，"土"这个词逐渐变成了农村或与之相关生活方式的代名词，并在日常生活中传播。"土气"一词是"土"的一个派生词，指过时的和没有品位的特征，其反义词"洋气"则指西方的和现代的生活方式。中国人喜欢"洋气"，尤其受到改革开放政策影响，"洋气"代表着西方现代文明，例如九十年代的麦当劳便是洋气的一个典型代表，九十年代"亢龙"餐厅的室

---

❶ 费孝通. 乡土中国 [M]. 北京：北京大学出版社，2012.

内设计风格亦是如此。

"荷清水香农家菜馆"的"土气"元素体现在各个设计叙事的细节中。首先是以中国民间艺术色彩为特点的乡村环境设计。中国传统民间艺术风格的鲜明特征就是颜色的对比和丰富的装饰，例如年画中采用了许多基本色，如红、绿、黄和蓝，它们有别于现代城市中常见的中性色调，鲜艳的色调能营造出一种节日气氛。"荷清水香农家菜馆"室内设计中运用了黄色调的建筑物和木质家具，各种红色装饰物（灯笼，地毯，条凳）和绿色植物。此外，各种装饰物均强调了其乡村特色，如屋檐下悬挂着红灯笼，木质栏杆装饰着传统婚礼花球和彩带，窗户上贴着红色剪纸等。所有元素共同构成一股节日的、生气勃勃的"土气"气氛（图3-60），这种气氛又反映在餐厅提供的生态自产产品上。

餐厅特色菜在于本地鱼和水生植物菜品。为保留饭菜的原味，尤其是鱼类菜品，主要烹制手法采用了煮、蒸和炖。室外用餐区入口的两边建有两个开放式厨房。客人们可在这里自选各种鱼类和其他水产类食品，并可旁观烹制过程（图3-61），古楚经典《楚辞》中描写的鳖类菜品在这里也可以品尝。生态食品的概念同样也适用于蔬菜类菜品，选取的蔬菜不得施用化肥。

与"亢龙"餐厅相比，"荷清水香农家菜馆"的菜品和餐桌服务呈现并不精致，例如特色菜"龙骨"（大块带骨猪肉），上菜时仅用一个简陋的碗，给顾客一种原始简陋的印象（图3-62）。室外用餐区是餐厅中最受欢迎的区域，每根支柱上都贴有一个纸条"室外用餐时请小心可能有飞虫"，进一步

图3-60　餐厅的室外用餐区

图 3-61　餐厅的开放式厨房　　　　　　图 3-62　餐厅的特色菜"龙骨"

突出了餐厅的自然环境。此外，许多菜品的烹制较为油腻，这是中国乡村风味菜的一个传统特点，但按今天的观点并不健康和必要。

最后，"水景"在餐厅的设计叙事中扮演着重要的角色。室外用餐区建在一个水景之上，北面的建筑物面向野芷湖，能使顾客联想到餐厅的本地生态，以及湖北省内丰富的水资源（图 3-63 和图 3-64）。但可惜的是，餐厅的整体乡村环境设计风格被北边建筑的室内设计打乱，该建筑室内的材料和陈设设计采用西式现代风格，均与餐厅整体的乡村设计风格存在明显差异（图 3-65）。

图 3-63　餐厅里的水景　　　　　　　图 3-64　餐厅北室的户外风景

图 3-65　餐厅北室

3.4

基于区域文化的全球本地化系统设计叙事框架

综合以上案例分析，并结合叙事学视角可以推导出，基于区域文化的创意设计，实质上是叙事主体（设计师），通过叙事载体（文创作品），向叙事客体（用户 / 消费者）传达信息的创作过程。在这一过程中，叙述设计重点关注叙事内容和叙事方式，即"讲什么故事 / 传达什么信息"和"如何讲故事 / 传达信息手段"。在经由"人借物"—"物传事"—"事唤情"的叙事设计转化过程中，设计师 / 艺术家、作品、用户三者之间进行互动，激发用户形成对历史文化、人文价值、自我体验的认知与理解。

基于以上理解，围绕区域文化的叙事设计视角，笔者提炼出包含了"人与物—场与境—事与情"的中国区域文化的全球本地化系统设计叙事理论框架，建构了三个全球本地化的叙事设计维度："叙事话语层、叙事视象层、叙事意象层"。❶ 第一个层次"全球本地化叙事话语层"，将主要探讨如何在全球本地化的语境叙事下选取相关区域文化符号或文物，建立"文化追忆"叙事设计场境，以激活用户的相关记忆或联想。在这一层次，用户既是叙事的受众，也是叙事的创造者；第二个层次是"全球本地化叙事视象层"，将探讨设计师 / 艺术家如何从传统造物形象、传统手工艺等方面出发，运用解构、重组、转译等叙事视象层设计手段，塑造面向全球市场的中国区域文化文创设计新形式；第三个层次是"全球本地化叙事意象层"，将探讨设计师如何借助隐喻、引申、通感等方法挖掘中国区域文化中的精神内涵和人文价值，并借助叙事设计方法创造出融通中外的文创产品设计，以促进全球文化的多样性发展。

本章节主要探讨了楚文化在当代社会不同领域，如：产品设计、建筑设计、现代艺术等的设计叙述现象。首先对楚文化所处的全球文化创意产业背景进行了概述，之后对"楚文化符号的叙事设计、楚文化传统艺术 / 工艺的重构设计、楚文化社会习俗的转译设计"三个层次，通过不同案例对楚文化在当下艺术设计创作中的"古为今用"叙事现象展开分析。通过现有案例研究可见，传统文化的继承与设计创新，不应仅保留在外观符号的叙事层面，更多地应从工艺、生活方式、社会习俗等深层次的创新叙事方法出发，形成更有效的文化叙事体系，以推进中国传统文化在当代的传承和复兴、提升中国文创产品的全球竞争力和对外传播，并推动以跨文化交流和经济融合为核心的人类命运共同体的建构。下一章节笔者将以上述研

---

❶ 李文嘉，高瑶瑶，张再瑜.认知叙事视域下乡村文创产品创新策略研究 [J].包装工程，2021，42（20）：381-388.

究为指导思想，开展设计实践部分"跨文化背景下新楚式餐桌文化的设计叙事"项目。

此外，本章节在曾经的古楚地区、今天的武汉市内开展了楚菜/鄂菜的田野调查。研究三种具有代表性的不同楚餐厅类型后可发现一个市场缺口，即定向于楚国精英文化的餐厅。这类餐厅既有别于粗制滥造的拼贴画，如餐厅亢龙，也有别于采用本地平民文化或乡村风格装修的楚餐厅。取而代之的是创造出这类新型的楚餐厅，主要聚焦于楚国精英文化（高等文化）的精神层面。古代遗留至今的大部分楚国物质文化，例如高品位的青铜器和漆器，它们属于当时的贵族阶层并由这个阶层创作或继承。它们反映的是从楚文化中提炼的精华。

在下一章的设计实践部分中，笔者基于全球本地化视角，开展了从"符号叙事"到"精神叙事"层面的新楚式餐桌文化系统设计实践，旨在通过饮食设计，使古楚文化在当代社会中再获新生。

柏林"Shi Shan"中餐厅

第4章

全球本地化下新楚式餐桌文化的系统
设计叙事实践——从"符号叙事"
到"精神叙事"

4.1

设计目标、方法与流程

4.1.1　设计目标

在本章节的设计实践部分中，笔者设计包含了完整饮食礼仪的新楚式文化进餐过程，设计范围包括：餐厅建筑规划和室内设计、饮食系列餐具设计、地方特色菜单设计。饮食餐具的系列设计在整体设计项目中扮演着重要角色，饮食餐具能直接与用户交互，由此产生出一种特色的跨文化互动体验。由于本研究课题的专业方向和时间限制，笔者将不在餐厅经营和管理方面做深入探讨。设计实践部分的重点是将传统的楚文化饮食礼仪和道家哲学思想进行继承与叙事转译创新，并使之适应于当今的跨文化交流时代。

本设计目的在于使德国消费者在饮食过程中体验富有异国情调且美味的中国区域楚饮食文化，另一方面使在德国的中国消费者，包括中餐厅经营者能够发现并正确认识中国地方饮食文化的多样性。此外，本设计实践项目还旨在为未来基于全球本地化下的文创设计应用研究提供实践参考，以对内助力中国区域文化的传承与创新，及文创产业的发展，对外提升中国文创设计的国际贸易和跨文化沟通与传播能力。

4.1.2　设计方法与流程

基于第二章"当代德国中餐厅的设计叙事类型学研究"，以及第三章中"楚文化"的艺术设计叙事层次分析和消费认知层分析，笔者在此提出面向"全球本地化的新楚式餐桌文化设计叙事方法"，将其分为"设定叙事主题、设计叙事情节、创造叙事感知、实现叙事目的"四大步骤，深入分析不同步骤间的基本内容和相互作用，归纳与总结叙事设计方法与文创产品输出的方法与规律。

"设定叙事主题"是叙事设计的核心，设计师在这一阶段通过搜集并挖掘相关传统区域文化资源及其内涵，并分析用户对此的文化联想，以设

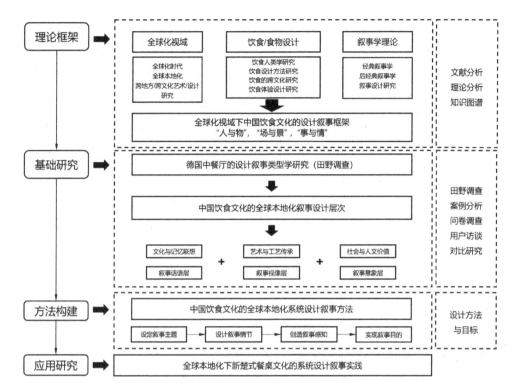

图4-1 研究框架

定合适的叙事主题，其对应叙事话语层。"设计叙事情节"是叙事设计的骨架，设计师通过对文化符号、造型工艺、功能价值等方面的重构，创造出具有信息传达功能的叙事性图像，设计中结合用户使用产品的行为过程，完成整个叙事情节，其对应叙事视像层。"创造叙事感知"是叙述设计的桥梁，设计师创造产品的功能价值和精神内涵，使用户能进行积极的解读，其对应叙事意象层。"实现叙事目的"是叙事设计的结果，用户体验随着时间推移结构化为一种叙事结果，能强化用户的价值认同感，并激发用户的价值导向反思，实现饮食文创的跨文化传播与交流目的（图4-1）。

结合现有德国中餐厅和"楚菜"及其饮食设计现状的田野调研基础上，笔者设计了一个新楚式中餐厅，灵感来源于古楚时期的宫廷元素和地方特色菜。由此在德国创作一个全新形式的楚餐厅，使古楚文化在跨文化背景下获取重生，与其他文化相互交融，这个概念同样也能在中国被采用。

本设计实践项目的目标群是德国中上阶层，尤其是那些对外国文化持开放态度并已具备跨文化经历的消费群体。笔者首先对新楚式餐厅的建筑规划进行设计，餐厅方案的理想位置宜设在城镇周边的某个河畔，以突出古楚时期湖畔建筑的特点，并借此营造出一种远离城市、身处自然环境之中的跨文化饮食体验。之后，将开展室内设计、进餐礼仪流程和餐具产品系列设计。饮食仪式过程和餐具产品设计是整体设计的核心，能直接参与用户交互，由此产生特殊的跨文化互动体验。最后，笔者为整体进餐过程设计了一份楚式菜单。

"新楚式餐桌文化设计叙事方法"，即："设定叙事主题、设计叙事情节、创造叙事感知、实现叙事目的"四个步骤融入了以上每个设计部分，旨在达到饮食过程中多感官的、高层次的跨文化沟通。

4.2

新楚式餐桌文化的设计叙事

为达成设计新楚式餐桌文化之目的，笔者首先"设定叙事主题"，即：古楚区域文化，并在第三章中对古楚文化和楚文化的当代设计叙事进行了研究。其次，在"设计叙事情节"层次，笔者通过对楚文化符号、造型工艺、功能价值等方面的重构，在餐厅的建筑设计、室内空间设计、餐具设计中融入具有信息传达功能的叙事性图像。此外，设计中关注用户饮食仪式流程的行为过程设计，完成整个叙事情节。"创造叙事感知"是新楚式餐桌文化设计叙述的桥梁，笔者对楚文化的代表性精神内涵进行了设计转译，使用户能进行积极的解读，其对应叙事意象层。以下的楚文化精神内涵对于设计部分至关重要。

① 崇火崇凤好巫：楚文化神秘浪漫的特性主要应体现在餐厅的室内设计方面，以营造一种楚文化特有的神秘氛围。

② 道家哲学"自然"和"无为"：设计中运用这两个道家哲学的核心思想，诠释出人、自然、建筑与产品的关系。

③ 饮食礼仪：对传统楚文化用餐礼仪做出设计转译，并融入新式楚文化进餐过程及相关产品中。

④"神游"意识：在笔者设计的产品中，旨在将楚艺术美学思想中"神游"精神和生命的自由特征转化到设计创新中。

新楚式餐桌文化的设计叙事，旨在最终"实现叙事目的"，达到跨文化背景下"以食为桥"的民心互通，提升中国文化的对外传播和软实力建设。

4.3

新楚式餐厅的建筑和空间设计概念

楚文化餐厅的建筑设计概念从传统楚建筑及其相关思想体系中获取灵感。由于历史上的楚建筑无法完整重建，笔者借助古楚文献资料并通过现有文物研究探寻楚建筑的踪迹。研究的中心主要着眼于古代文学描写以及楚建筑的思想体系和哲学内涵（参见第三章）。

4.3.1 建筑设计概念

由于本设计项目的实用性功能需求（用作餐厅而非住宅），以及基于跨文化和当今时代的条件背景，传统楚建筑艺术在这里被批判性地吸收、重建和创新性转化，以设计叙事保留传统楚建筑的重要意义部分，而非外观部分。道德经第十一章中论述道："三十辐共一毂，当其无，有车之用。埏埴以为器，当其无，有器之用。"❶根据老子的这种二元论观点，楚文化餐厅的建筑设计叙事应既注重建筑物肉眼可见的物质外形（包括其功能、形状、材料和颜色），亦注重其肉眼不可见的非物质层面，主要指建筑物的精神基础，即哲学主题"自然"。该重点在于将"不可见寓于可见之中。"❷楚建筑的一些重要特征予以保留。新楚式餐厅应建在河边，采用干阑式建筑形态。建筑方式为木质框架结构（图 4-2、图 4-3）。

---

❶《道德经》，第 11 章。

❷ Jürgen Joedicke，Heinrich Lauterbach.Hugo Häring.Schriften，Entwürfe，Bauten[M].Stuttgart：Krämer，Karl Stgt 1965.8.

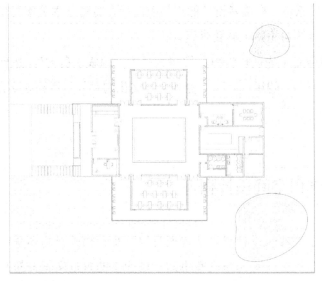

图 4-2
餐厅平面图

图 4-3　餐厅南面夜景

4.3.2　整体建筑设计

新楚式餐厅的整体建筑设计规划为一个正方形建筑物，包含一个被四面房屋围绕的内院（图 4-4）。建筑物呈东西轴线，按传统楚文化习俗，楚人尚东，东方是太阳升起的方向，是楚族及火神的祖先，因此东被视为最重要的方向。根据考古学发现可以证实，大部分楚国宫廷墓葬均遵循"头朝东"的习俗[1]。在设计叙事中，笔者保留了这种精神等级制度并进行新译。

---

[1] 张正明：楚文化史 [M]. 上海：上海人民出版社，1987：105-107.

餐厅主入口位于西面，东边设置餐厅的重要中心——厨房，以服务于南北两边的餐室。内院中，在东边中心位置设置一个"天井"，寓意将整体餐厅建筑与宇宙相连。整个建筑均建在水面上，这是古楚建筑的常用形式。建筑物的每一个部分均用游廊连接（图4-5）。

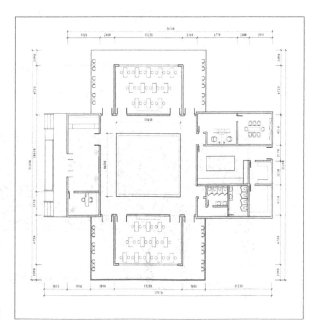

图 4-4
建筑平面图

图 4-5
饮食服务流程图

4.3.3 两个餐室和内院设计

位于南北两边的两个餐室采用具有视觉开放效果的玻璃墙，旨在将内室与外部环境相连，墙外用推拉门与内院相连（图4-6）。客人可从餐室内看到室外水景环境。

内院是客人的禅室，可以为客人提供一个安静的区域，便于餐后短暂休憩。内院无顶，即将其设置为面向天空的向上开放空间，使整体设施通过内院直达苍穹。内院的设计取诗《九歌》灵感，其特征是水和植物（荷花）。此外，每日不同时段水的不同反射使内院的氛围时时变化（图4-7）。

图4-6 餐厅一角

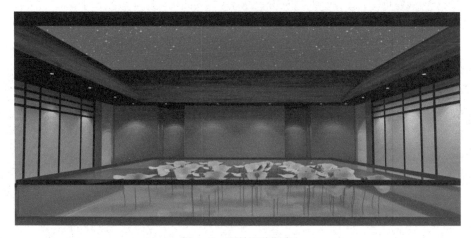

图4-7 天井设计概念

4.3.4　餐厅的室内设计

　　当下许多的宴会都在封闭且装有空调，甚至电视机的房间内举办，厚重的墙在感官上将环境分割为"内和外"：静寂与噪声，音乐与杂音。新楚式餐厅的室内设计则与之相反，它采用玻璃墙，由此形成一个半开放式的空间，旨在将内部氛围与外部环境重新联系起来。室内设计风格简洁，一方面以凸显室内设计陈设，尤其是餐饮器具；另一方面将室外优美的环境引入空旷的室内，并填充房间（图4-8）。

　　如前文所述，楚建筑以及房屋造型均带有"道法自然"的哲学思想痕迹。这种思想同样建立在道教的辩证思维方式基础上，称之为"无为"，这是老子哲学的一个基本原理。"无为"一词的字面翻译是"不行动 / 不作为"，但并不是指无所作为，或自然规则凌驾于人之上。"无为"应理解为我们做出的决定不能违背我们的内心，即"道"。在此意义上，"无为"同时意指"适度而为"，即"有所为而有所不为"。笔者将这种中心思想通过设计叙事转译，并重新考虑设计师的角色及其与用户的关系。在室内设计中，笔者尝试取代设计师在设计过程中的优势主导角色，鼓励用户参与设

图4-8　室内设计

图 4-9
新楚式餐厅的室内
设计（夜间效果）

计过程，从而产生新的室内社会交互。具体设计方案为：作为设计师，仅
提供一个空间，其中没有多余的装饰，家具（餐桌，椅子等）同样也不摆
放在固定的餐厅位置。"空"的房间引入美丽的外部环境，光线和风景填充
空旷的室内。设计转译老子的"有无相生"思想："凿户牖以为室，当其无，
有室之用。故有之以为利，无之以为用。" ❶ 在这个意义上，"无"已成为作

———————

❶《道德经》，第 11 章。

品的一个重要组成部分。

消费者可自选在餐厅的某处坐下。根据顾客的数量，餐厅向顾客提供"案"（功能为小餐桌）和坐垫，顾客可自行组合和排列"案"。后来的消费者可自行占用剩余的空间。因此，室内设计的最终排列与氛围均取决于当日顾客的行为，由此产生出每天不相同的室内布局。如果顾客需要私密空间，可采用半透明织物作为"软分隔"分割餐厅空间。这种织物设计带有楚文化符号的装饰，如挂帘一样从天花板悬至地板，顾客可根据需要灵活使用挂帘。此外，餐厅可根据不同场合和节日主题更换织物材料和设计风格。在本设计中，为营造楚文化中的神秘萨满氛围，整体设计采用红黑色调（图 4-9～图 4-11）。

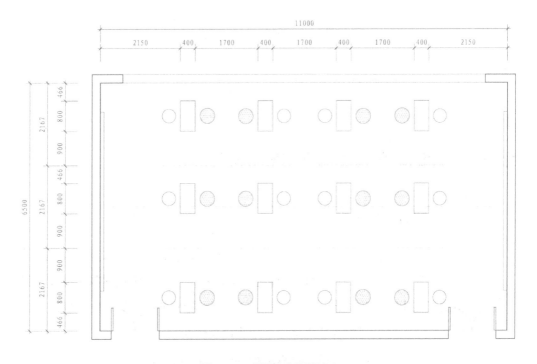

图 4-10　餐厅的布局设计 1

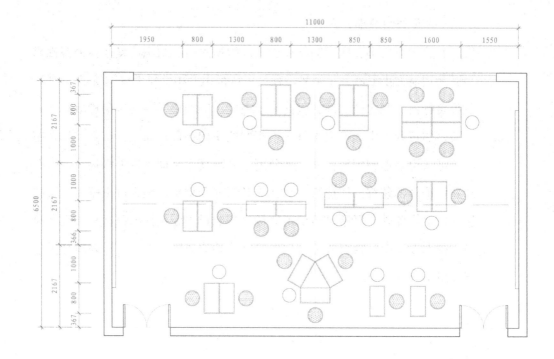

图 4-11　餐厅的布局设计 2

4.4

新楚式餐厅的饮食过程与系列餐具设计

4.4.1　新楚式饮食过程的设计

笔者为德国的新楚式餐厅设计了一种新型现代式的楚文化进餐仪式，时间定为 19:00 至 21:00 之间，通过这种进餐仪式流程和系列餐具设计，强调楚文化中餐饮的"适度"观念。系列餐具设计的三个基本要素包括：饮食过程、饮食仪式和饮食适度，三个要素互相联系。

（1）饮食礼仪：为什么饮食礼仪在今天仍然重要？

第三章中对楚文化的研究表明，楚国时期的用餐礼仪遵循"周礼"的严格规则。楚国时期的进餐礼仪在当时的祭祀和日常生活中扮演着重要角色。作为规定的礼仪行为，这套用餐礼仪在外部行为形式方面已标准化，并对人的情感产生重大影响。楚国时期的饮食礼仪属于庄严神圣的仪式，是神圣仪式在尘世间的具体表现形式。❶

但在现代生活中，这类曾经代表着对宇宙和诸神的敬畏、恭顺和尊敬，以及作为日常生活中的重要社会行为方式的古代用餐仪式，经常被忽视。现代社会被速度掌控，例如快速制造和快速消费。迅速的、不加节制的消费使现代人常对他们的拥有之物毫无敬畏和尊重之感。由此导致消费者与物品之间的肤浅关系，我们所拥有的物品，无法在我们的记忆中留下长久印象。

现代生活中的"用完即弃"文化现象便是一个典型范例，根据统计数字确定："联邦德国公民每年丢弃670万吨食品，其中30%尚未拆除包装。这相当于每个四口之家浪费935公斤食物。由此每年浪费达216亿欧元。"我们生活在一个"用完即弃的世界，它不产生品质。"

为了重新唤起当代人对饮食的关注意识，新楚式饮食过程强调楚文化用餐礼仪，并设计与之匹配的系列产品。这里的用餐礼仪并不涉及宗教习俗，它仅是一种仪式性和象征性的固定用餐流程。通过对传统楚文化用餐仪式的设计叙事转译，可在当代新楚式文化用餐过程中构建一种新的主（消费者）客（食物和饮食文化）关系。

此外，设计重点聚焦于系列餐具设计产品，该设计中包含了"具有重要意义的饮食适度"概念，主要区别于现有大多数德国中餐厅的"吃到饱"自助餐的服务经营理念。吃饱不是吃饭的唯一目的，吃饱只是食客的低级的和生理层需求，它同时也表明了饮食过程中的感官体验贫乏。笔者的设计强调："质量代替数量，口味代替饱腹，可持续代替过度消费"，以此提倡在当今中国宴会上实行高品质的、多感官的、适度的餐饮礼仪，并同时传达出传统楚文化哲学作为一个整体概念在饮食和生活中的意义，旨在助力探索跨文化语境下，新型中餐厅的市场营销概念创新。

---

❶ Herbert Fingarette：Confucius：The Secular as Sacred[M]. Illionios：Waveland Pr Inc，1972：1-17.

（2）饮食过程：餐饮顺序

顾客将在餐室门前脱鞋，这个过程使消费者意识到，他们已从外部世界步入一个新的世界，一个充满楚文化氛围的空间。接着，客人们走上"筵"（整个房间内铺在地板上的席子），并自选餐室内的某个座位空间。之后，餐厅为每位顾客提供食案（摆放所有餐具和饮料容器的茶几）和用作座位的草垫。坐在草垫上用餐也是饮食礼仪的一个重要组成部分。

进餐前将举行沃盥仪式，该仪式是进餐前的一个重要时刻（参见第三章）。之后上中国白酒，但此时必须注意饮酒适度。接着，依序提供羹（浓汤，由肉类、蔬菜和淀粉溶液组成，不加调味品，用作餐前开胃菜）、主菜，最后一道菜是餐后甜点（图4-12）。

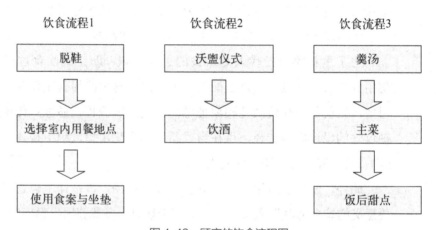

图 4-12　顾客的饮食流程图

4.4.2　系列餐具设计

餐具系列设计需传达出具有仪式感行为的感官深度体验，同时使顾客产生一种反思。笔者尝试将饮食礼仪与"适度饮食"的概念融入餐饮过程和系列餐具的设计之中。为达此设计目标，笔者在系列餐具设计叙事中以抽象造型转译了三个重要元素：带"脚"的容器（用于仪式），容器边缘凹槽（作为适度饮酒的提示）和抽象变形的凤凰图腾（楚美学的一种符号）。

① 系列餐具的基本造型，带"脚"的容器，设计灵感源于楚国时期的"鼎"。鼎是一种带有三只"脚"（有些是四只脚）的青铜容器，其最初用途是烹饪肉类菜品，后来逐渐发展成为了一种身份地位的象征（参见第三章）。楚国时期许多与食物相关的祭礼物品以及宫廷食物容器的特征都是高"脚"。因此，系列餐具设计中采用了"脚"的形状，以此营造出饮食过程中的仪式感和关注度。此外，这种高脚造型设计也符合饮食服务功能，因为顾客们坐在低矮的草垫上，使用的食案也较为低矮。

② 餐具边缘的凹槽设计灵感可追溯至楚国时期的青铜器。古楚的许多祭祀器皿表面均刻有各种不同的神话巨兽图腾，最常见的题材是饕餮。饕餮原是一种食量奇大的神话巨兽❶，后隐喻人的贪婪或暴饮暴食。"饕餮"图腾一方面作为神话世界和现实世界的过渡连接，另一方面则用作了暴饮暴食的警告标志。❷ 在本项目的餐具设计中，传统的、神秘的和复杂的图腾通过设计简化，形成了一个凹槽造型。此设计一方面符合了"适度饮食"的功能，因为器皿凹槽部分导致容量减少；另一方面，凹槽标识对食客也是一种警告，注意用餐过程中的饮食适度。餐具边缘"开口"的造型设计还从中国园林艺术中的"漏景"获得灵感。

③ 在部分餐具设计中，笔者结合功能性，与楚艺术典型图腾——凤凰的极度变形和抽象形态设计，寓意表现出楚艺术的"神游"（参见第三章）和自由精神状态。

此外，系列餐具设计采用了楚艺术及其美学思想的典型用色：红黑色调，区别于大多数德国中餐厅使用的白色餐具，餐具全部采用红色内部和黑色外部，体现出古楚国漆器艺术的特点，但去除了传统器皿的复杂装饰表面，形成了适用于新楚式文化饮食过程的、现代的、色彩明快的系列餐具设计。最后，系列餐具均由手工制作，这将赋予餐具一种独有的个性特征和外观形象（图 4-13）。

---

❶《吕氏春秋·先识》："周鼎著饕餮，有首無身，食人未咽，害及其身，以言報更也"。（第 85 章）

❷ 张光直. 中国青铜时代 [M]. 北京：三联书店，1983.249.

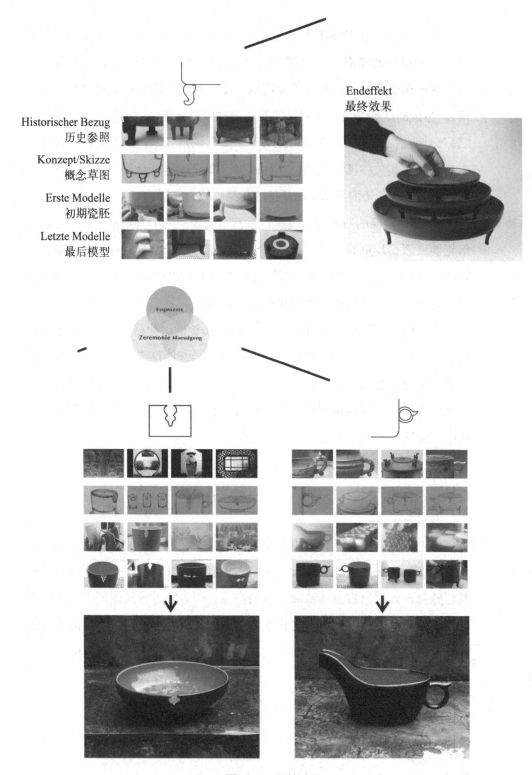

Endeffekt
最终效果

Historischer Bezug
历史参照

Konzept/Skizze
概念草图

Erste Modelle
初期瓷胚

Letzte Modelle
最后模型

Essprozess

Zeremonie Maessigung

图 4-13　设计过程

（1）材料和模型制作

系列餐具的产品材料为瓷泥，通过高温（约1300～1400℃）烧制制成。所有的产品模型均由笔者在景德镇制作完成。系列餐具的生产过程分为若干步骤，每个产品的制作过程均包括：拉坯、修坯、素烧、上釉和烧釉等步骤。之后，为每个毛坯制作一个石膏模具（图4-14）。

① 拉坯

首先在旋转盘上使毛坯成形。由于瓷器烧制时会出现收缩，其坯件必须在制模时扩大约15%。此外，坯件壁必须加厚，便于下一步的精修，制成的坯件放置风干。

② 修坯及塑形

在旋转盘上精修坯件，直至修出相应的壁厚和光滑的表面为止。这道工序对瓷器最终产品的形状至关重要。根据不同的产品造型，还将为坯件打通孔，切割，然后风干。

③ 素烧

坯件放入窑中，以约750℃烧制。素烧使坯件内的水分挥发，同时增强其硬度。在这个烧制过程中，坯件的强度增加，由此烧出的瓷器可降低后续烧制过程中的破碎风险。

④ 上釉

按不同方式为素烧后的瓷器形状上釉。圆形坯件（例如碟）浸入釉桶。若产品形状不规律，如饮料容器设计，需让釉液分布在容器内面，外面则采用机械喷涂法。釉必须均匀分布在器型表面。系列餐具产品选择了中国红和无光黑做瓷器釉色。

⑤ 烧釉/最终烧制

最后，将上釉坯件放入1300～1400℃的窑内烧制。烧制过程使坯件的疏松组织变得致密，烧结。由于不规则器型（本设计中主要是容器的"脚"）在烧结过程中会出现例如下陷或局部变形的问题，因此烧制过程中必须用支架（一种瓷器结构件）支撑坯件，即需在容器"脚"下放置支架。此外，需刮去"脚"底部少量釉并涂上黏土粉末，目的是避免烧釉过程中支架与坯件烧融在一起。与圆形器件相比，烧制收缩约达85%。此外，不同容器边缘凹槽的尺寸需与容器的整体尺寸相匹配。

拉坯

修坯

塑形

素烧

上釉

烧釉

图 4-14 材料制作

（2）沃盟之礼餐具设计

尺寸（匜）：52mm×120mm×62 mm（高 × 宽 × 长）；

尺寸（盘）：直径 185 mm

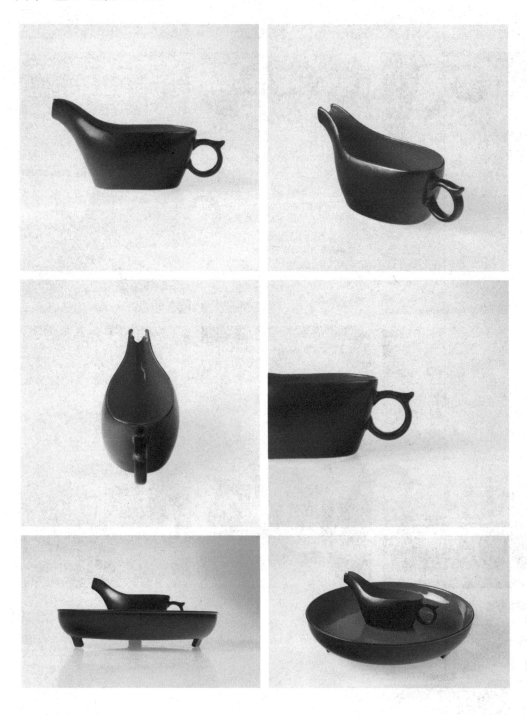

CHUYUN

（3）饮酒器皿设计

尺寸（高足）：直径 62mm× 高 55mm，直径 67mm× 高 62mm，直径 70 mm× 高 70mm

尺寸（方足）：直径 58 mm× 高 53mm，直径 65 mm× 高 58mm，直径 70 mm× 高 63mm

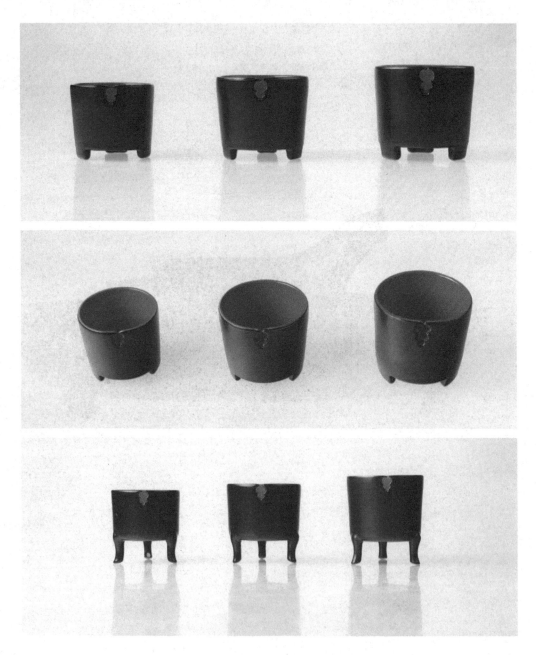

CHUYUN

（4）羹汤器皿设计

尺寸：直径 85 mm × 高 55mm

CHUYUN

（5）碗盘器皿设计

尺寸（碗）：直径 100mm× 高 35mm，直径 135mm× 高 43mm，直径 160mm× 高
　　　　　50mm

尺寸（盘）：直径155mm×高42mm，直径200mm×高54mm，直径250mm×高
68mm

（6）器皿"豆"设计

尺寸：直径113mm×直径50mm×高120mm，直径120mm×直径40mm×高
82mm，直径140mm×直径55mm×高40mm

（7）系列餐具组合

（8）饮食流程设计

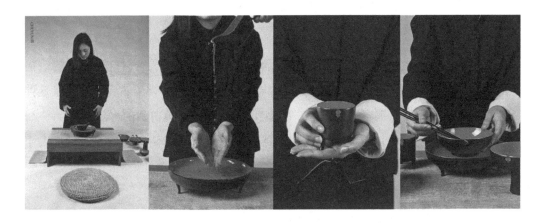

4.5

新楚式菜谱设计

    菜谱的设计将楚国时期的宫廷饮食与湖北省区域的鄂菜结合起来。基于此进行设计转化与创新，并同时保留传统楚国宴会以及当今楚菜的特征，新楚式菜谱设计通过强调地方菜系的特殊性使之具备跨文化竞争力。

    菜谱结构基于楚国宫廷宴会，饭（谷物），膳（肉食和蔬菜），馐（餐后甜点）和饮（饮品）均包含在内，这些笔者已在 3.1.1 节详加分析。此外，菜单突出楚菜"饭稻羹鱼"（稻米类谷物作为饭，配以鱼和其他水生植物）的特征。由于楚地位于长江中游，水资源丰富，风景与人文均带有稻米文化的烙印。根据考古发掘文物，早在新石器时代楚地废墟中已发现稻米，它不同于黄河流域种植的粟。除稻米外，各种鱼类和水生植物也构成了楚菜的一个重要部分，在今天的鄂菜中也仍能见到它们。

    2015 年，笔者在中国湖北省荆州市（古楚的重要城市，与楚文化密切相连）开展了田野研究。通过与荆州从事楚菜菜谱与实践研究逾二十载的知名厨师定光福的交谈，笔者获取了更多关于楚国宫廷宴会烹饪技艺，以

及湖北当今地方菜的信息。❶

笔者设计的菜单和宴会上菜顺序如下：

（1）冰镇桂花酒

许多古楚文学作品中对桂花酒均有描述，它属于当时最受喜爱的饮料之一。❷饮用冰镇白酒在楚贵族阶层中非常普遍，楚地考古文物证实了这种特制的宫廷青铜容器，称为"冰鉴"，一种用来冰镇白酒的容器。

烹制技艺：首先将桂花加糖拌匀，放置若干天使之发酵。之后加入中国米酒，放置发酵至少一年。桂花还是中医治疗厌食与咳嗽的药方。

（2）餐前开胃菜：莲藕排骨汤

莲藕猪肉汤是湖北特色菜。莲藕是莲花的根茎，生长在湖中淤泥下。湖北号称中国莲藕之乡，据报道，中国80%的莲藕种类出自湖北省武汉市，湖北省内也是莲藕的最大供应区域，莲藕的收获季节为每年的8月到10月，许多工人会前往湖北省的各个湖泊进行莲藕的手工采摘（图4-15）。除莲藕排骨汤外，今天的楚菜中还有许多用莲藕加工制成的特色菜。

图4-15　莲藕采摘

烹制技艺：莲藕与猪肋骨和调料如盐、姜和洋葱等炖一个多小时。传统中国饮食文化中，莲藕猪排骨汤有降火功效，因此这道菜多在夏季食用为宜。

---

❶ 该采访详见附录：采访3

❷ 刘玉堂，肖洋.楚文化与酒.楚文化研究会（编）.楚文化研究论集[M].武汉：湖北长江集团出版社，2011：557.

（3）主菜：蒸菜和杂粮米饭

菜单的主菜由蒸菜（肉丸，鱼丸和蔬菜丸）和蒸杂粮米饭构成。

蒸是中国最古老的烹饪技艺之一。将水通过加热产生蒸汽的过程称为蒸，蒸汽使菜品变熟。蒸菜产生于江汉平原的天门，这里是沔阳周边的一个地区。

① 珍珠糯米丸（图4-16）

备料：糯米泡两个小时，使之完全吸饱水分，因为珍珠糯米丸在蒸制过程中将会收缩，此外还使丸子在蒸制后不会变硬。

馅料：肉馅，生姜，春季洋葱，鸡蛋，少量芝麻油，酱油，一撮白胡椒与盐全部拌匀，通过揉捏加工并反复摔落馅料，这样才能使丸子保持形状稳定，食用时感觉软糯且富有弹性。

丸子成形：用手将肉馅挤成丸子状，然后在一个圆盘内铺洒糯米。在糯米上反复滚动肉馅丸子，使糯米均匀粘附在丸子表面。

蒸肉丸：洗净粽叶后，在表面薄涂一层油，放入蒸笼屉。粽叶上均匀放置珍珠糯米丸，大火蒸20～25分钟。蒸后用洋葱点缀其间并撒上少许芝麻粒。

② 蒸鱼丸

将鱼去鳞去肚并切成小块。加盐，料酒，洋葱和生姜调味。用手将调味后的鱼肉做成小丸子，然后大火蒸3分钟，直至蒸熟。

③ 蒸蔬菜丸

蔬菜、香菇、胡萝卜洗净剁碎并混合。给馅料加盐调味并加入生姜、大蒜、洋葱、胡椒和鸡蛋。加少许面粉，用勺子做成小丸子形状。将丸子放入蒸笼屉，大火蒸约10分钟。在蒸锅沸水中加酱油和玉米面，并将之少许浇在蒸熟的丸子上。

（4）桂花糕

米过夜，使之变软。将米压碎成粥状，在筛子内清洗桂花。将压成粥状的米、糯米、新鲜桂花、糖加水拌匀。将米团放入笼屉，表面撒上桂花，中火蒸15分钟。取出蒸熟的米团，切成正方形。

备料

馅料

丸子
成形

蒸肉丸

图4-16　珍珠糯米

4.6

设计实践总结与研究展望

　　中国正在全球范围内扮演着越来越重要的角色，培育具有中国区域特色饮食文化的需求也在国际范围内不断增长。本章的设计实践围绕着跨文化背景下的设计叙事展开，通过"设定叙事主题、设计叙事情节、创造叙事感知、实现叙事目的"四大步骤和方法，开展了新楚式餐桌文化的设计实践项目。

　　为新楚式餐厅实现完整的"原真性"设计构成叙事，下一步必须开展其他细节部分的工作，如企业品牌、市场推广等，为此笔者需进一步与不同领域专业人士合作。期望通过这些合作，新楚式餐厅的构思能在未来市场上获取成功，全球本地化下的设计叙事具备重要的经济潜力。

　　本文以德国中餐厅为研究对象，探讨了跨地方语境下德国中餐厅的多样化"原真性建构"设计叙事现象，以及这一微缩跨文化空间场境中，食物消费的社会和跨文化意义，通过对德国中餐厅的历史研究和实地考察，得出以下几点主要结论：

　　第一，德国中餐厅的"原真性建构"设计叙事现象，是中国饮食文化与异国文化元素相互融合的跨文化结果。在跨地方背景下，并不存在纯粹真实的中国餐厅，而呈现出基于德国本地条件，被不断塑造而成的、不同类型的"原真性建构"现象，即原真性被理解为通过整体餐馆所组成的一个完整构成。此外，"原真性"通常借助不同的设计叙事被有意识地置入到中餐厅的"饮食剧院"空间中，从这个意义而言，原真性构成使得德国中餐厅呈现为一个设计叙事整体。

　　第二，德国中餐厅的整体原真性建构设计叙事，能牢牢抓住德国消费者的内心，并提升消费者的饮食文化原真性体验。从二战后充当城市短途饮食旅游微缩景点的"中国风"中餐厅设计，到今天多样化的新式中餐厅设计，通过对"食物设计、建筑设计、室内设计、家具陈设、品牌形象"等的设计叙事，德国消费者在中餐厅这一饮食剧院中获得了丰富厚实且多维度的跨文化体验。因此，原真性的设计建构在跨地方饮食消费中起着至关重要的作用，德国中餐业应对餐厅的整体设计建构和设计叙事给予更多重视。

第三，德国中餐厅的"原真性建构"设计叙事是一个集合了包容和创新的整体艺术。通过包容性、互动性和创新性的设计叙事语言，中德文化中有意义的、可持续的元素紧密结合，这使得德国中餐厅成为了中德跨文化交流中不可或缺的一支民间力量。值得强调的是，德国近年来不断涌现出的"新式"中餐厅的原真性设计建构现象也值得我们反思，与上述"中国艺工联盟"成员针对中国传统文化内涵的研究宗旨不同，当今许多西方设计师在进行以中国（文化）为主题的设计项目时，更多受到的是追求表面审美的驱动，而非思考中国文化语境支配下的设计本质。无论新式中餐厅的设计建构如何多样化，中国文化元素作为表面符号被置入到设计中。这类原真性设计构建并不关乎中国文化本身，而更多地体现出一种文化互动，可被视为一种通过图像和物质媒介实现跨越地理边界的文化交流的目标❶。

第四，当今的德国中餐厅将继续扮演重要的社会和文化角色，它可视为一个重新组合的社会空间，这里的跨国文化相互碰撞，同时又孕育出新的组合体。例如越来越多的中餐厅承担起传播中国文化的桥梁角色，它们将在未来发展成为推广民族文化重要的，多层面的组成部分。例如笔者在田野调查中发现，莱比锡市的"Chinabrenner"中餐厅举办中国四川菜厨师培训班，此外它与当地孔子学院合作，每年在餐厅内举办各种中国文化活动。

第五，在餐厅设计叙事的实践领域可以预见，随着德国与中国在未来更深入的跨文化交流，德国市场上将催生越来越多的新型中餐厅，它们既能提供各种不同的中国地方菜，又能塑造新的"中国"形象，它虽与现有德国市场上常见的、源于二战后"中国主义"装饰风格的中餐厅设计叙事有一定区别，但应该警惕一种新的"中国主义"风格产生。

18世纪的"中国主义"艺术风格属于当时欧洲人对远东的想象。自从

---

❶ Andrew Bolton.Toward an aesthetic of surfaces[M]//Andrew Bolton.China through the looking glass.New York：Yale University Press，2015：19-21.

中国实施开放政策以来，全球的交往和旅游浪潮建立起通向中国文化及其饮食文化越来越便利的通道。许多德国人通过这种渠道品尝到了中国多元的、地道的地方特色菜，同时也体验到了当代中国的饮食文化。德国中餐厅的新一代掌门人对此做出反应，例如"长征食堂"中餐厅有意识地剥离常见的旧中国形象，他们尝试将一种中国国内常见的场景街头小饭馆的叙事，移植到德国，类似的现象在许多新开张的德国中餐厅中可以见到。另一个案例是莱比锡的"Chinabrenner"中餐厅。餐厅经营者是设计师托马斯·罗博（Thomas Wrobel），他对中国西南城市成都的街头小饭馆印象深刻。❶他在德国开办一家经营四川地方菜的中国"街头小饭馆"的创意，首先在 2010 年莱比锡"Hotel de Pologne"第六届设计师公开赛中得以实现。"Chinabrenner"这个名称源于四川菜的特征，即菜品的麻辣味道。接着，他于 2011 年开设了"Chinabrenner"中餐厅继续实施他的方案。❷通过四川地方特色菜和中国大排档氛围式的设计叙事，使德国客人对现代中国产生一定的想象。但值得思考的是，中国街头大排档的形象叙事也许会导致德国人对中国形象形成一种新的俗套。因此，应建立中国（饮食）文化更强力的新叙事形态和方法。

下述措施使得设计叙事转译成为可能，并可为未来超越文化的德国中餐厅设计实践做出贡献：

（1）根据笔者田野研究发现，越来越多的德国经理和设计师已加入中国餐饮业。一方面，跨文化的管理及设计团队可促成德国中餐厅在未来的多样性，由此促进中德之间跨文化交流的继续发展；但另一方面，由于德国籍经理和设计师对中国饮食文化深度理解的缺乏，未来的德国中餐厅中可能出现一些对"中国"的肤浅设计叙事。

（2）在实践部分"跨文化背景下新楚式餐桌文化的设计叙事"中，笔者借助中国古楚地方文化体现出全球化的地方性层面，并通过设计叙事四步骤的方法开展跨文化语境下传统文化的设计转译实践，形成一个现实的、富有创意的作品。古代楚文化是中国南方文化的一个代表，它构成了中国

---

❶ Edeltraud Rattenhuber. Nur echt für Mutige[N].Süddeutsche Zeitung，2011-09-23（220）.

❷ Jens Rometsch.Turnschuhe und Interface-Tisch[N].Leipziger Volkszeitung，2010-10-30.

文化的一个主要组成部分。在研究中，一方面，从历史视角观察深入探讨古楚文化及其饮食文化的不同层面。另一方面，通过设计实践探讨了在全球贸易与跨文化语境下楚文化在现代化进程中的问题与机遇，这为当今文化创意产业中的设计实践提供了新的设计方法和实践经验。

（3）笔者对德国中餐厅的研究结论表明，设计中将传统文化直接复制到当今时代的做法无法达到跨文化设计的期望值。本设计实践项目尝试通过跨文化语境下新楚式餐桌文化的设计，旨在从"符号叙事"到"精神叙事"层面将区域性中国（饮食）文化的功能性价值和精神内涵进行转译，激发用户的价值导向反思，以达到饮食文创赋能深层次跨文化交流之目的，并促使德国中餐厅的可持续发展。

综上所述，基于德国中餐厅的"原真性建构"设计叙事研究可以充当一面社会历史之镜，折射出中国饮食文化在跨地方背景下的发展、适应、融合和改变之过程，是代表"中国"的食物和饮食文化不断与德国当地饮食文化之间寻求平衡和博弈的结果。德国中餐厅的原真性通过不同的设计元素所建构，这使得德国中餐厅成为集合了包容和创新的整体艺术。可以预见，在中国"一带一路"等国际合作倡议的引领下，未来中德之间更深入的跨文化交流和经济合作将进一步促进德国中餐业的多元化发展，也将催生越来越多的新型中餐厅。因此，全球化背景下中国饮食文化的设计研究是不应被忽视的重要课题之一。此外，当今越来越多的德国中餐厅承担起了传播中国文化的角色，例如与当地孔子学院合作，在餐厅内举办各类中国文化活动等，它们将在未来成为推广中国民族文化重要的、多层次的民间力量。"通过研究丝绸之路上的华夏饮食文明对外传播，能为'一带一路'建设和中华优秀传统文化'走出去'提供新思想、新观点、新启示"[1]。该课题不仅能扩充全球化视野下设计历史的研究主题，还能为推动以跨文化交流和经济融合为核心的人类命运共同体的建构，提供新的理论思考和实践经验[2]。

---

❶ 姚伟钧，杨鹏. 中外饮食文化交流研究的新进展—《丝路上的华夏饮食文明对外传播》评介 [J]. 美食研究，2020，37（4）：24-26.
❷ 李牧. 日常经济生活网络与传统艺术的跨文化传播——以加拿大纽芬兰华人为例 [J]. 广西民族大学学报（哲学社会科学版），2021，43（2）：67.

参考文献

一、外文参考文献

[1] Amenda, Lars. Das chinesische Restaurant[M]//Pim den Boer u. a. Europäische Erinnerungsorte 3: Europa und die Welt. München, 2012.

[2] Amenda, Lars. Fremde-Hafen-Stadt[M]//Chinesische Migration und ihre Wahrnehmung in Hamburg 1897-1972. Hamburg, 2006.

[3] Assman, Jan. Das kulturelle Gedächtnis: Schrift, Erinnerung und politische Identität in frühen Hochkulturen[M]. München, 2013.

[4] Böhme, Gernot. Architektur und Atmosphäre[M]. München, 2006.

[5] Chang, K. C. Food in Chinese culture. Anthropological and historical perspectives[M]. New York, 1977.

[6] Ching, M. Tseng. Mein siebenjähriger Studienaufenthalt in Deutschland[M]// Ost asiatische Rundschau, Jg. 20, (1939), Nr. 1-3, S. 13.

[7] Conlin, Joseph R. Bacon, Beans u. Galantines: Food and Foodways on the Wes tern Mining Frontier[M]. Reno, 1986.

[8] Cwiertka, Katarzyna u. Boudewijn Walraven. Asian food[M]//The global and the local. Honolulu, 2001.

[9] Claude Fischler. Über den Prozess der McDonaldisierung[M]//Mässig und gefrässig. Wien, 1996: 255.

[10] Claus Leggewie. Multikulti. Spielregeln für die Vielvölkerrepublik[M]. Nördlingen, 1990.

[11] Claus Leggewie. Die Globalisierung und ihre Gegner[M]. München, 2003.

[12] Deutsche Zentrale für Tourismus e. V. : Incoming-Tourismus Deutschland Edition[R]. 2013.

[13] Die Küchen der Welt in unserer Stadt[N]. Hamburger Abendblatt vom, 1972.

[14] David Y. H. Wu, Sidney C. H. Cheung (Hrsg.). The globalization of Chinese food[M]. Richmond Surrey, 2002: 6.

[15] David Y. H. Wu. Improvising Chinese cuisine overseas[M]//The globalization of Chinese food, David Y. H. Wu und Sidney C. H. Cheung (Hrsg.). Richmond Surrey, 2002: 56-68.

[16] Dieter Hassenpflug. Der urbane Code Chinas[M]. Gütersloh, 2009.

[17] Dick Wilson. The Long March 1935: The Epic of Chinese Communism's Survival[M]. London, 1971.

[18] Dagmar Yu-Dembski. Chinesen in Berlin[M]. Berlin-Brandenburg, 2007.

[19] Eleonore Kalisc. Aspekte einer Begriffs- und Problemgeschichte von Authentizität und Darstellung[M]//Inszenierung von Authentizität. Tübingen, 2007.

[20] Friedrich Rauers. Kulturgeschichte der Gaststätte[M]. Berlin, 1941.

[21] Fan, Ruiping. Reconstructionist Confucianism: Rethinking Morality After the West[M]. Dordrecht/ Heidelberg / London / New York, 2010.

[22] Fang, Hai. Chinesism in modern furniture design: the chair as an example[M]. Helsinki, 2004.

[23] Fingarette, Herbert. Confucius: The Secular as Sacred[M]. New York, 1972.

[24] Finkelstein, Joanne. Dining out: A sociology of modern manners[M]. Cambridge, 1989.

[25] Fischer-Lichte, Erika. Inszenierung von Authentizität[M]. Tübingen, 2007.

[26] Fischler, Claude. Über den Prozess der McDonaldisierung[M]//Mäßig und gefräßig. Wien, 1996.

[27] Fried, Johannes. Die Anfänge der Deutschen: Der Weg in die Geschichte[M]. Berlin, 2015.

[28] Gernet, Jacques. Daily Life in China on the Eve of the Mongol Invasion 1250-1276[M]. London, 1962.

[29] Giese, Karsten. New Chinese migration to Germany: Historical consistencies and new patterns of diversification within a globalized migration regime[M]// International Migration, Band 41, Heft 3. Oxford, 2003.

[30] Goll, Ulrich. BERLIN, aber oho Goodfriends[M]//Der Tagesspiegel, 2013.

[31] Grimm, Jacob u. Wilhelm Grimm. Deutsches Wörterbuch. 16 Bde.[M]//.[in 32 Teilbänden]. Leipzig: S. Hirzel 1854-1960, Bd. 21, 1935.

[32] Grittamann, Elke. Die Konstruktion von Authentizität: Was ist echt an den Pressefotos im Informationsjournalismus?[M]//Authentizität und Inszenierung von Bilderwelten. Köln, 2003.

[33] Guo, Changjian. World Heritage Sites in China[M]. Beijing, 2003.

[34] Gütinger, Erich. Die Geschichte der Chinesen in Deutschland: Ein Überblick über die ersten 100 Jahre seit 1822[M]. Münster, 2004.

[35] Hai Fang. Chinesism in modern furniture design: the chair as an example[M]. Helsinki, 2004.

[36] Hall, Stuart. Cultural Identity and Diaspora[M]//Jonathan Rutherford: Identity: community, culture, different. London, 1998.

[37] Hallinger, Johannes Franz. Das Ende der Chinoiserie: Die Auflösung eines Phänomens der Kunst in der Zeit der Aufklärung[M]. München, 1996.

[38] Häring, Hugo. Besprechungsprotokolle (17. 10. 1941 - 25. 05. 1942), unveröffentlichte Manuskript[C]. In: AdK., Berlin.

[39] Häring, Hugo. Denkschrift zur Gründung eines chinesischen Werkbundes, unveröffentlichtes Manuskript. In: AdK. Berlin.

[40] Häring, Hugo. Geometrie und Organik: Eine Studie zur Genesis des neuen Bauens[M]// Jürgen Joedicke u. Heinrich Lauterbach: Hugo Häring. Schriften, Entwürfe, Bauten. Stuttgart, 1965.

[41] Häring, Hugo. Neues Bauen[M]//Jürgen Joedicke u. Heinrich Lauterbach: Hugo Häring. Schriften, Entwürfe, Bauten. Stuttgart, 1965.

[42] Häring, Hugo. Neues Bauen: Schriftenreihe des Bundes deutscher Architekten Hamburg. H. 3[M]. Hamburg, 1947.

[43] Häring, Hugo. Notizen zur Gleichheit (08. 12. 1944)[M]//Aschenbrenner, 1968.

[44] Hassenpflug, Dieter. Der urbane Code Chinas[M]. Gütersloh, 2009.

[45] Hawkes, David. The songs of the south[M]. Harmondsworth, Middlesex, 1985.

[46] Hoffmann, Hans Peter. Die Welt als Wendung: Zu einer literarischen Lektüre des Wahren Buches vom südlichen Blütenland[M]. Wiesbaden, 2001.

[47] Huntington, Samuel P. Kampf der Kulturen: Die Neugestaltung der Weltpolitik im 21. Jahrhundert[M]. Hamburg, 2006.

[48] Jackson, Peter. Local Consumption Cultures in a Globalizing World[M]// Transactions of the Institute of British Geographers, New Series, Bd. 29, Nr. 2, Geography: Making a Difference in a Globalizing World 2004: 165-178.

[49] Joedicke, Jürgen u. Heinrich Lauterbach. Hugo Häring: Schriften, Entwürfe, Bauten[M]. Stuttgart, 1965.

[50] Jones, Peter Blundell. The lure of the Orient: Scharoun and Häring's East-West connections[M]//Architectural Research Quarterly, Vol. 12, Issue 01, March, 2008.

[51] James L Watson. Golden Arches East: McDonald's in East Asia[M]. Stanford/California, 1997.

[52] Joanne Finkelstein. Dining out: A sociology of modern manners[M]. Cambridge, 1989.

[53] John S. Major. Characteristics of late Chu religion[M]// Constance A. Cook;John S. Major (Hrsg): Defining Chu: Image and reality in ancient China. Hawai, 2004.

[54] J. A. G. Roberts. China to Chinatown-Chinese food in the West[M]. London, 2002.

[55] K. C. Chang. Food in Chinese culture. Anthropological and historical perspectives[M]. New York, 1977.

[56] Kai Vogelsang. Geschichte Chinas[M]. Leipzig, 2012.

[57] Kalisch, Eleonore: Aspekte einer Begriffs- und Problemgeschichte von Authentizität und Darstellung[M]//Inszenierung von Authentizität. Tübingen, 2007.

[58] Knieper, Thomas. Authentizität und Inszenierung von Bilderwelten[M]. Köln, 2003.

[59] Katarzyna Cwiertka u. Boudewijn Walraven. Asian food. The global and the local[M]. Ho-nolulu, 2001.

[60] Leong B D, Clark H. Culture-based knowledge towards new design thinking and practice: A dialogue[J]. Design Issues, 2003, 19(3)

[61] Leggewie, Claus. Die Globalisierung und ihre Gegner[M]. München, 2003.

[62] Leggewie, Claus. Multikulti: Spielregeln für die Vielvölkerrepublik[M]. Nördlingen, 1990.

[63] Leong, Benny Ding, Hazel Clark. Culture-based knowledge towards new design thinking and practice-A dialogue[M]//Design Issues, 2003, 19(3): 48-58.

[64] Leung, Maggi Wai-Han. Chinese migration in Germany: Marking home in trans national space[M]. London, 2004.

[65] Liang, Sicheng. Chinese architecture: Art and artifacts[M]. Beijing, 2011.

[66] Lin, Rongtai. Transforming Taiwan aboriginal cultural features into modern product design: A case study of cross cultural product design model[M]// International journal of design 1 (2). August 2007: 45-53.

[67] Lu, Shun u. Gary Alan Fine. The presentation of ethnic authenticity, Chinese food as a social accomplishment[J]. Sociological quarterly, 1995, 36: 3.

[68] MacPherson, Kerrie L. Designing China's urban future: The Greater Shanghai Plan, 1927-1937[M]//Planning Perspectives 5, 1990: 39-62.

[69] Maier, Jörg u. Gabi Troeger-Weiss. Kulinarische Fremdenverkehrs- und Freizeit kultur. Freizeittrends uns Lebensstile in der Bundesrepublik Deutschland[M]//Alois Wierlacher u. a. (Hg.): Kulturthema Essen. Ansichten und Problemfelder. Berlin, 1993.

[70] Major, John S. Characteristics of late Chu religion[M]//Constance A. Cook;John S. Major (Hg.): Defining Chu: Image and reality in ancient China. Hawaii, 1999.

[71] Möhring, Maren. Fremdes Essen: Die Geschichte der ausländischen Gastronomie in der Bundesrepublik Deutschland[M]. München, 2012.

[72] Peisert, Christoph. Peking und die, nationale Form: Die repräsentative Stadtgestalt im neuen China als Zugang zu klassischen Raumkonzepten[M]. Berlin, 1996.

[73] Pfankuch, Peter. Hans Scharoun: Bauten, Entwürfe, Texte[M]. Berlin, 1974.

[74] Rattenhuber, Edeltraud;Nur echt für Mutige[M]//Süddeutsche Zeitung, Freitag, 23. Sep. 2011, Nr. 220, Seit 9.

[75] Rauers, Friedrich. Kulturgeschichte der Gaststätte[M]. Berlin, 1941.

[76] Reichwein, Adolf. China and Europe: Intellectual and Artistic Contacts in the Eighteenth Century[M]. London, 1925.

[77] Roberts, J. A. G. China to Chinatown-Chinese food in the West[M]. London, 2002.

[78] Robertson, Roland. Glocalization. Time-Space and Homogeneity-Heterogeneity[M]//Featherstone/Lash/Ders., Global Modernities, 25-44. 1995.

[79] Rometsch, Jens. Turnschuhe und Interface-Tisch[M]//Leipziger Volkszeitung, 31. 10. 2010.

[80] Richard Wilhelm. Tao-te-king-das Buch vom Sinn und Leben (Übersetzt und mit einem Kommentar von Richard Wilhelm)[M]. München, 1994.

[81] R. Murray Schafer. Soundscape-Design für Ästhetik und Umwelt[M]// Arnica-Verena-Langenmaier . Der Klang der Dinge. München, 1993.

[82] Sicheng Liang. Chinese architecture. Art and artifacts[M]. Beijing, 2011.

[83] Schafer, R. Murray. Soundscape-Design für Ästhetik und Umwelt[M]// Arnica-Ve rena-Langenmaier (Hrsg.): Der Klang der Dinge. München, 1993.

[84] Schivelbusch, Wolfgang. Das Paradies, der Geschmack und die Vernunft: Eine Geschichte der Genußmittel[M]. Frankfurt am Main, 1990.

[85] Sea-Ling, Cheng. Eating Hongkong's way out[M]//Katarzyna Cwiertka u. Boudewijn Walraven (Hrsg.): Asian food. The global and the local. Honolulu, 2001.

[86] Senelick, Laurence. The Changing Room: Sex, Drag, and Theatre[M]. New York, 2000.

[87] Simoons, Frederick J. Food in China: A cultural and historical inquiry[M]. Florida, 1991.

[88] Snow, Edgar. Roter Stern über China[M]. Frankfurt am Main, 1974.

[89] So, Jenny F. Chu Art: Link between the old and New[M]//Constance A. Cook u. John S. Major (Hg.): Defining Chu: Image and reality in ancient China. Hawai, 1999.

[90] Stolarek, Joanna. Erst das Essen, dann die Geschäfte. In Deutschland gibt es über 10. 000 chinesische Restaurants[N]. Schwäbisches Tagblatt, 8. 9. 2012.

[91] Tam, Siumi Maria. Heunggongyan Forever: Immigrant life and Hong Kong style Yumcha in Australia[M]//David Y. H. Wu & Sidney C. H. Cheng (Hrsg.): The globalization of Chinese food. Richmond Surrey, 2002.

[92] Tan, Mely G. Chinese dietary culture in Indonesian urban society[M]//The globalization of Chinese food, David Y. H. Wu und Sidney C. H. Cheung (Hrsg.). Richmond Surrey, 2002.

[93] Tucholsky, Kurt. Kleine Geschichten[M]. Hamburg, 2012, S. 111. [Originalausgabe, Kurt Tucholsky (Peter Panter): Auf der Reeperbahn nachts um halb eins. In: Vorssische Zeitung 19. August 1927.

[94] Twitchett, Denis u. Michael Loewe. The Cambridge History of China. Volume 1: The Ch'in and Han Empires, 221 BC-AD 220[M]. Cambridge u. a. 1986.

[95] Thomas Knieper. Authentizität und Inszenierung von Bilderwelten[M]. Köln, 2003.

[96] Vogelsang, Kai. Geschichte Chinas[M]. Leipzig, 2012.

[97] Wahrig, Gerhard. Deutsches Wörterbuch. Mosaik Verlag[M], Neuausgabe, 1980.

[98] Waley, Arthur u. Franziska Meister. Die neun Gesänge: Eine Studie über Schamanismus im alten China[M]. Hamburg, 1957.

[99] Wang, Wen-Chi. Chen-Kuan Lee und der Chinesische Werkbund mit Hugo Häring und Hans Scharoun[M]. Berlin, 2012.

[100] Watson, James L. Golden Arches East: McDonald's in East Asia[M]. California, 1997.

[101] Watson, James L. The Chinese: Hong Kong villagers in the British catering trade[M]//Between Two Cultures: Migrants and Minorities in Britain. Oxford, 1977.

[102] Welsch, Wolfgang. Transkulturalität - Lebensformen nach der Auflösung der Kulturen[M]//Information Philosophie, 1992, Nr. 2, S. 5-20. engl.: Transculturality-the Puzzling form of Cultures Today. In: Spaces of Culture: City, Nation, World, hg. v. Mike Featherstone u. Scott Lash. London, 1999.

[103] Welsch, Wolfgang. Was ist eigentlich Transkulturalität?[M]. Bielefeld, 2010. S. 40. (PDF von http: //www2. uni-jena. de/welsch/: 27. 03. 2012).

[104] Wilhelm, Richard. Tao-te-king. Das Buch des Alten vom Sinn und Leben (Über setzt und mit einem Kommentar von Richard Wilhelm)[M]. München, 1994.

[105] Willand, Ilka (Redaktionsleitung). Statistische Jahrbuch. Deutschland und Inter-nationales 2013. Statistisches Bundesamt[M]. Wiesbaden, 2013.

[106] Wilson, Dick. The Long March 1935: The Epic of Chinese Communism's Survival[M]. London, 1971.

[107] Wong, Bernard P. Chinatown: Economic Adaptation and Ethnic Identity of the Chinese[M]. Fort Worth, 1982.

[108] Wu, David Y. H. u. Sidney C. H. Cheung. The globalization of Chinese food[M]. Richmond Surrey, 2002.

[109] Wu, David Y. H. Chinese Cafe in Hong Kong[M]//David Y. H. Wu u. Tan Chee-Beng: Changing Chinese Foodways in Asia. Hong Kong, 2001.

[110] Wu, David Y. H. Improvising Chinese cuisine overseas[M]//David Y. H. Wu u. Sidney C. H. Cheung (Hrsg.): The globalization of Chinese food. Richmond Surrey, 2002.

[111] Xu, Shaohua. Chu culture—— An archaeological overview[M]//Constance A. Cook u. John S. Major (Hrsg.): Defining Chu: Image and reality in ancient China. Hawai, 1999.

[112] Yan, Yunxiang. Of Hamburger and social space: consuming McDonald's in Beijing[M]// The cultural politics of food and eating: a reader. Los Angeles, 2005.

[113] Yu, Weichao: Menschen und Götter in der Chu-Kultur[M]//Das alte China. Menschen und Götter im Reich der Mitte 5000 v. Chr.-220 n. Chr. Düsseldorf, 1995.

[114] Yu-Dembski, Dagmar. Chinesen in Berlin[M]. Berlin-Brandenburg, 2007.

二、中文参考文献

[1] 袁方. 中国社会结构转型 [M]. 北京：中国社会科学出版社，1998.

[2] 卢汉龙. 中国城市的消费革命 [M]. 上海：上海社会科学院出版社，2003.

[3] 张正明. 楚文化史 [M]. 上海：上海人民出版社，1987.

[4] 梁思成. 中国建筑史 [M]. 天津：百花文艺出版社，1998.

[5] 周庆. 叙事性设计的符号学解读 [J]. 南京艺术学院学报（美术与设计），2020（4）：127-131.

[6] 赵静蓉. 文化记忆与符号叙事——从符号学的视角看记忆的真实性 [J]. 暨南学报（哲学社会科学版），2013，35（5）：85-90.

[7] 孙常叙. 楚辞九歌 [M]. 上海：上海古籍出版社，2021.

[8] 老子. 道德经 [M]. 北京：中国文联出版社，2020.

[9] 方海. 现代家具中的中国主义 [M]. 北京：中国建筑工业出版社，2007.

[10] 常任侠. 中国舞蹈史话 [M]. 上海：上海文艺出版社，1983.

[11] 陈鼓应. 老子今注今译 [M]. 北京：商务印书馆，2016.

[12] 楚文化研究会. 楚文化研究论集 [M]. 武汉：湖北长江出版集团，湖北美术出版社，2011.

[13] 戴慧思 . 中国城市的消费革命 [M]. 上海：上海社会科学院出版社，2003

[14] 费孝通 . 乡土中国 [M]. 北京：北京大学出版社，2012.

[15] 高介华，刘玉堂 . 楚国的城市与建筑 [M]. 武汉：湖北教育出版社，1996.

[16] 高诱（注），毕沅（校正）. 吕氏春秋 [M]. 上海：上海古籍出版社，1996.

[17] 郭和平，张苑原 . 衔接与整合——湖北省博物馆扩建工程设计小记 [J]. 建筑创作，2010（10）：152-163.

[18] 国都设计技术专员办事处 . 首都计划 [M]. 南京：南京出版社，2006.

[19] 白藕 . 新时代文创产品设计 [M]. 北京：清华大学出版社，2023.

[20] 李伯钦 . 中国通史 [M]. 沈阳：万卷出版公司，2009.

[21] 李明欢 . 欧洲华侨华人史 [M]. 北京：中国华侨出版社，2002.

[22] 李权时，皮明庥 . 武汉通览 [M]. 武汉：武汉出版社，1988.

[23] 李如菁，何明泉 . 博物馆文化商品的再思考 [J]. 设计学报，2009，14（4）：69-84.

[24] 李喜所 . 近代留学生与中外文化 [M]. 天津：天津人民出版社，1992.

[25] 李玉洁 . 楚史稿 [M]. 郑州：河南大学出版社，1988.

[26] 李泽厚 . 华夏美学 [M]. 桂林：广西师范大学出版社，2001.

[27] 刘敦桢 . 苏州古典园林 [M]. 北京：中国建筑工业出版社，2005.

[28] 刘纲纪 . 周韶华与当代中国画的创新 [J]. 美术观察，2001（7）：18-20.

[29] 刘仲宇 . 正逢时运——接财神和市场经济 [M]. 上海：上海辞书出版社，2005.

[30] 楼西庆 . 中国古代建筑 [M]. 北京：商务印书馆，1997.

[31] 楼西庆 . 中国古建筑二十讲 [M]. 北京：三联书店，2004.

[32] 卢汉龙 . 中国城市的消费革命 [M]. 上海：上海社会科学院出版社，2003.

[33] 鲁虹 . 两河寻源：周韶华全集 1[M]. 武汉：湖北美术出版社，2011.

[34] 罗平汉 . 大锅饭：公共食堂始末 [M]. 南宁：广西人民出版社，2001.

[35] 吕伟雄 . 海外华人社会新透视 [M]. 广州：岭南美术出版社，2005.

[36] 梅桐生 . 楚辞入门 [M]. 贵阳：贵州人民出版社，1991.

[37] 潘谷西 . 中国建筑史 [M]. 5 版 . 北京：中国建筑工业出版社，2005.

[38] 皮道坚 . 楚艺术史 [M]. 武汉：湖北教育出版社，1995.

[39] 屈原 . 楚辞 [M]. 太原：山西古籍出版社，2003.

[40] 沈福文 . 中国漆艺美术史 [M]. 北京：人民美术出版社，1992.

[41] 司马迁（著），许啸天（校）. 史记第三册 [M]. 上海：上海群学社，
1931.

[42] 苏仲湘 . 论"支那"一词的起源与荆的历史与文化 [J]. 历史研究，1979
（4）：40-41.

[43] 王奇生 . 中国留学生的历史轨迹 [M]. 武汉：湖北教育出版社，1992.

[44] 文化部文物局 . 中国名胜词典 [M]. 2 版 . 上海：上海辞书出版社，
2012.

[45] 吴静吉，于国华 . 台湾文化创意产业的现状与前瞻 [J]. 二十一世纪，
133：82-88.

[46] 向欣然 . 湖畔筑台——论湖北省博物馆扩建工程的建筑创意 [J]. 建筑学
报，2010（7）.

[47] 萧兵 . 楚辞文化 [M]. 北京：中国社会科学出版社，1990.

[48] 新华字典 [M]. 10 版 . 北京：商务印书馆，2004.

[49] 许慎 . 说文解字 [M]. 北京：中国书店，1998.

[50] 雅瑟，青萍 . 中华词源 [M]. 北京：新世界出版社，2011.

[51] 杨匡民 . 荆楚歌乐舞 [M]. 武汉：湖北教育出版社，1997.

[52] 杨天宇 . 礼记译注（上、下）[M]. 上海：上海古籍出版社，2004.

[53] 姚伟钧，张志云 . 楚国饮食与服饰研究 [M]. 武汉：湖北教育出版社，
2012.

[54] 姚伟钧 . 中国传统饮食礼俗研究 [M]. 武汉：华中师范大学出版社，
1999.

[55] 袁方 . 中国社会结构转型 [M]. 北京：中国社会科学出版社，1998.

[56] 张光直 . 中国青铜时代 [M]. 北京：三联书店，1983.

[57] 张家骥 . 圆治全释 [M]. 太原：山西古籍出版社，2002.

[58] 罗平汉 . 大锅饭：公共食堂始末 [M]. 南宁：广西人民出版社，2001.

[59] 张鹏 . 城市中的陌生人——中国流动人口的空间、权利与社会网络的重构 [M]. 袁长庚译 . 南京：江苏人民出版社，2014.

[60] 张正明 . 荆楚文化史 [M]. 上海：上海人民出版社，1998.

[61] 张正明 . 楚文化史 [M]. 上海：上海人民出版社，1987.

[62] 赵荣光 . 中国饮食文化史 [M]. 上海：海人民出版社，2005.

[63] 郑红娥 . 社会转型与消费革命——中国城市消费观念的变迁 [M]. 北京：北京大学出版社，2006.

[64] 中国社会科学院语言研究所汉语词典编写组 . 现代汉语词典 [M]. 北京：商务印书馆，1979.

[65] 周宁 . 世纪中国潮 [M]. 北京：学苑出版社，2004.

[66] 周维权 . 中国古典园林史 [M]. 北京：清华大学出版社，1996.

[67] 左丘明 . 国语 [M]. 上海：上海古籍出版社，1978.

致谢

首先，在此感谢教育部人文社会科学研究基金对本专著的资助。笔者于 2023 年获批教育部人文社科青年基金项目"命运共同体视域下中国非遗文创产品的叙事设计研究"，该课题旨在扩展并深化现有文创产品设计叙事系统研究，以设计助力创造出既扎根于中国文化、又面向全球市场的新时代文创产品。习近平总书记曾指出："中国人民历来具有深厚的天下情怀，当代中国文艺要把目光投向世界、投向人类。以文化人，更能凝结心灵；以艺通心，更易沟通世界。"因此，如何向世界更好地传播中国文化、讲好中国故事、加快构建国际传播力建设的中国叙事体系是文艺研究领域的一项重要任务。"以食为桥"加强国际沟通，"以食为媒"促进民心交融，饮食及其相关的文化创意设计领域研究是全球化视域下文创产业中不容忽视的重要组成部分。

其次，在此感谢本课题组成员们：笔者的博士生导师、德国国立魏玛包豪斯大学教授、德国设计史协会（GfDg）主席西格弗里德·格纳德（Prof.Dr.Siegfried Gronert）教授／博士，感谢他在过去几年中的持续支持、启发和指导。笔者在格纳德教授的指导下进行学术研究工作，从以饮食设计为研究主题的确定，到研究专著成稿，格纳德教授一直给予笔者许多建设性的批评意见，并始终以科学严谨的治学作风将笔者带入新的研究领域与高度，其是鞭策笔者未来不断前行的动力。此外，还要衷心感谢中南民族大学艺术学院、博士生导师商世民教授，其多年来在非遗文创领域的研究及钻研精神使笔者受益匪浅。

再次，笔者要对几位德国教授的学术指导表示感谢：笔者的另一位博士生导师，德国国立魏玛包豪斯大学的格里特·巴博提斯特教授（Prof. Gerrit Babtist）。荷兰籍的巴博提斯特教授曾在世界著名企业飞利浦任职，有着丰富的设计实战经验，之后他在德国包豪斯大学任教并开展了一系列以食物设计为主题的设计项目课程。他对本研究的设计实践提供了诸多建设性的专业建议，并不时激励笔者继续在食物／饮食设计这个方兴未艾的研究领域中开展探索与实践，坚定了笔者进入这个仅有少数学者参与的设计研究和实践领域的信心。笔者还要特别致谢德国知名历史学家和人类学家、德国莱比锡大学近代欧洲文化比较和社会历史教授马恩·莫琳（Prof. Dr.Maren Möhring）教授／博士。莫琳教授的专著《异国食物——德意志联邦共和国的外国餐饮发展历史》为本研究提供了一个全新的研究视角，笔者曾几次登门拜访莫琳教授，还清晰记得她每次与笔者热情地开展讨论，并从跨学科的角度给予了笔者很多建议。笔者还要感谢曾任德国包豪斯大学设计学院院长的沃尔夫冈·萨特勒（Prof. Wolfgang Sattler）教授，感谢他对本研究中德国部分田野考察和设计实践的肯定，以及他曾在讨论报告会上给予笔者的批评意见。

在此，还要特别感谢实地研究和用户访谈中，在德国和中国为笔者提供无偿帮助的每位参与者。

最后，感谢笔者的丈夫、女儿和笔者的父母在这段时间给予的无条件支持与关爱，如果没有你们的默默支持，笔者将难以完成这项研究！